石油企业员工 QHSE 实用宝典

工程质量

知识手册

《工程质量知识手册》编写组◎编

石油工業出版社

内 容 提 要

本书主要介绍了与地面工程建设密切相关的术语、工程质量重点检查内容、常见问题分析，精选了生产运行中存在的质量方面典型案例，同时附问题所依据的具体标准、规范、条文或设计要求，便于企业员工查找和使用。

本书可供石油企业基层员工及工程质量管理人员阅读使用，也可供相关专业研究人员参考。

图书在版编目（CIP）数据

工程质量知识手册 /《工程质量知识手册》编写组编 .—北京：石油工业出版社，2022.6

（石油企业员工 QHSE 实用宝典）

ISBN 978-7-5183-5441-2

Ⅰ .①工… Ⅱ .①工… Ⅲ .①石油工程 – 工程质量 – 手册 Ⅳ .① TE-62

中国版本图书馆 CIP 数据核字（2022）第 101978 号

出版发行：石油工业出版社

（北京安定门外安华里 2 区 1 号 100011）

网 址：www.petropub.com

编辑部：（010）64523553

图书营销中心：（010）64523633

经 销：全国新华书店

印 刷：北京晨旭印刷厂

2022 年 6 月第 1 版 2022 年 6 月第 1 次印刷

850 × 1168 毫米 开本：1/32 印张：5

字数：112 千字

定价：90.00 元

（如出现印装质量问题，我社图书营销中心负责调换）

《工程质量知识手册》

编 写 组

主　　编： 于长武

副 主 编： 杨晓巍

编写人员：（以姓氏笔画排序）

马志勇　卢　潇　付秋林　付喜忠　包　波

司昊亮　师文艳　刘　帅　刘　佳　孙　赫

李文杰　李　刚　李　涛　吴永亮　何恩立

汪生友　张　博　陆浩宇　陈伟仝　邵殿涛

郑昌舵　郎　超　韩全振　焦　石　靳　军

丛书前言

深入学习贯彻习近平总书记生态文明思想和关于安全生产的重要论述，落实健康中国建设要求，强化“质量是企业生命”的理念，持续深化 QHSE 体系建设，坚持治标与治本并重，坚持识别大风险、消除大隐患、杜绝大事故，全力防范和消除质量健康安全环保风险，保持生产经营平稳运行，是油气田企业必须肩负的重大责任。每一位员工都应掌握必要的质量、健康、安全、环保知识和技能，懂得基本的事故应急处置和急救知识，养成良好的工作生活习惯和态度，做到“我的安全我负责，你的安全我有责，企业的安全我尽责” ，确保企业大局和队伍和谐稳定。为此，我们组织编写了一套图文并茂、简单易懂、便于携带、易于操作，适用于油气田企业基层岗位员工阅读使用的系列丛书“石油企业员工 QHSE 实用宝典”。

丛书共六册：《安全生产知识手册》《环境保护知识手册》《职业健康知识手册》《消防安全知识手册》《工程质量知识手册》《“低老坏”问题图册》，不仅能够有效指导企业员工将现场实际工作中需要注意的质量、健康、安全、环保等方面事项具体化、实用化，营造企业员工“时时学知识、处处是课堂”的浓厚氛围，还能够引导员工在工作中学习、在学习中工作，为企业质量健康安全环保培训提供了系统性教材，是一套供基层岗位操作员工参考使用的工具书。

前言

近年来，随着国民经济的持续发展，对石油和天然气能源需求不断增加，我国油气田生产能力大幅提升，也强力带动油气田企业快速发展。在油气生产过程中，地面工程建设是油田企业发展的重要组成部分，工程质量将直接影响油气田企业长期安全稳定发展。

由于油气田地面建设工程点多、线长、面广，质量管控难度较大，工程质量问题势必会给后续油气生产带来较大安全隐患。为确保地面工程建设有序推进，各大油田企业都在努力探索、研究加强油田地面工程质量监管的方法与模式。为提高油气田企业地面建设工程各参建单位、参建人员的质量意识和质量控制能力，我们组织编写了这本用于地面建设管理部门和施工质量管理人员培训、检查的工具书——《工程质量知识手册》。

本书以地面建设活动中工程监理、质量监督和施工技术、质量管理人员日常发现的质量问题为基本素材，精选典型案例，图文并茂、简明实用、通俗易懂，提供常见工程质量问题所依据的标准、规范、条文或设计要求，力求直观，突出指导性。

本书以油气田地面建设常见专业和单位工程为基本要点，共有 4 章 26 节。前 3 章主要介绍了与地面工程建设密切相关的术语、重点监督检查内容及常见问题，第 4 章列举出 155 项质量典型案例。案例以现场图片的形式，原汁原味，形象直观地指出现场常见质量问题，便于读者查找和使用。

本书在编写时，虽力求做到通用性强、适用面广、措施有效，但由于油气田企业地面建设是一个多学科、多专业、多工种的联合作业，再加上编者水平有限，错误和不足之处在所难免，敬请读者提出宝贵意见。

目录

1 工程质量常见术语

2 工程质量检查要点

3 工程质量检查常见问题

4 典型案例

1　工程质量常见术语

工程质量术语、概念是质量管理工作的基石，掌握工程质量术语、概念是做好质量管理工作的前提，深刻理解工程质量术语、概念的内涵，能有效强化员工质量安全意识，提高质量管理水平。

1.1　通用和设计

1.1.1　石油天然气建设工程质量

反映石油天然气建设工程满足在其结构、安全、使用功能、耐久性能与环境保护等方面的所有明示和隐含能力特性和相关标准规定或合同约定的综合。

1.1.2　质量管理

确定质量方针、目标和职责，并通过质量体系中的质量策划、控制、保证和改进来使其实现的全部活动。

1.1.3　石油天然气建设工程

为新建、改建或扩建油气田建设、油气储运和与之相配套设施而进行的规划、勘察、设计和施工、竣工等各项技术工作及完成的工程实体。

1.1.4　石油天然气站场

具有石油天然气收集、净化处理、储运功能的站、库、厂、场、油气井的统称，简称“油气站场”或“站场”。

1.1.5 管道

由管道组成件、管道支吊架等组成，用以输送、分配、混合、分离、排放、计量或控制流体流动。

1.1.6 工程质量监督

工程质量监督机构根据国家的法律、法规和工程建设强制性标准，对工程建设各方质量责任主体质量行为及工程实体质量实施的监督。

1.1.7 质量行为

在石油石化专业工程项目建设过程中，质量责任主体履行国家有关法律法规规定的质量责任和义务所进行的活动。

1.1.8 建设工程监理

监理单位受建设单位委托，依据法律法规、工程建设标准、勘察设计文件及合同，在施工阶段对建设工程质量、造价、进度进行控制，对职业健康、安全与环境（HSE）、合同、信息进行管理，对工程建设相关方的关系进行协调的服务活动。

1.1.9 质量事故

在生产和经营活动中，因产品、工程和服务质量不合格，造成经济损失或社会影响的事件，以及在国家、省（市、自治区）或中国石油天然气集团有限公司（以下简称“集团公司”）组织的监督抽查中发现的自产产品不合格事件。

1.1.10 质量事件

不符合质量法律法规、标准、规程和制度等要求，在生产经营活动中存在可能导致质量事故发生的质量隐患。

1.2 管道安装工程

1.2.1 压力管道

指最高工作压力大于或等于 0.1MPa（表压），且公称尺寸大于 25mm，用于输送气体、液化气体、蒸气介质或可燃、易爆、有毒、有腐蚀性、最高工作温度高于或等于标准沸点的液体介质的管道。

1.2.2 管道元件

指连接或装配成管道系统的各种零部件的总称，包括管道组成件和管道支承件。

1.2.3 焊接工艺评定

按照焊接工艺预规程的规定，制备试件和试样，并进行试验及结果评价的过程。

1.2.4 焊接工艺规程

根据焊接工艺评定报告，并结合实践经验而制定的直接指导焊接生产的技术细则文件，它包括对焊接接头、母材、焊接材料、焊接位置、预热、电特性、操作技术等内容进行详细规定，以保证焊接质量的再现性。

1.3 设备安装工程

1.3.1 石油化工静设备

石油化工生产装置、辅助设施和公用工程的反应设备、分离设备、换热设备、储存设备的统称，分为压力容器和非压力容器两类。石油化工静设备包括本体及本体与外管道连接的第一道环向焊缝的焊接坡口、螺纹连接的第一个螺纹接头、法兰连接的第一个法兰密封面及开孔的封闭元件、紧固件及补强元件等。

1.3.2 橇装设备

在工厂将单体设备和工艺管道等组装到钢质底座上，整体拉运到现场、直接安装在基础上的成套设备。

1.3.3 油田注汽锅炉

利用燃料的热能将水加热成蒸汽，用于稠油热采的设备。

1.3.4 容器支座

在容器和基础之间，起支撑、固定容器作用的金属构件。

1.3.5 容器附件

容器本体附带的，保证容器正常运行的部件。

1.3.6 滑动支座

卧式容器安装时，在容器端部非接管一端设置的，能保证容器沿轴向自由滑动的支座。

1.4 电仪安装工程

1.4.1 爆炸性环境

在大气条件下，可燃性物质以气体、蒸气、粉尘、薄雾、纤维或飞絮的形式与空气形成的混合物，被点燃后，能够保持燃烧自行传播的环境。

1.4.2 防爆电气设备

在规定条件下不会引起周围爆炸性环境点燃的电气设备。

1.4.3 电缆线路

由电缆、附件、附属设备及附属设施所组成的整个系统。

1.4.4 接地

将电力系统或建筑物电气装置、设施、过电压保护装置用接地线与接地极连接。

1.4.5 外露可导电部分

用电设备上能触及的可导电部分。

1.4.6 放热焊接

利用金属氧化物与铝粉的化学反应热作为热源，通过化学反应还原出来的高温熔融金属，直接或间接加热工件，达到熔接目的的焊接方法。

1.4.7 二次回路

电气设备的操作、保护、测量、信号等回路及回路中操动机构的线圈、接触器、继电器、仪表、互感器二次绕组等。

1.4.8 架空电力线路

用绝缘子和杆塔将导线及地线架设于地面上的电力线路。

1.4.9 变送器

输出为标准化信号的传感器。

1.4.10 控制系统

通过精密制导或操纵若干变量以达到既定状态的系统。仪表控制系统由仪表设备装置、仪表管线、仪表动力和辅助设施等硬件，以及相关的软件所构成。

1.5 建筑工程

1.5.1 地基

支承基础的土体或岩体。

1.5.2 基础

将结构所承受的各种作用传递到地基上的结构组成部分。

1.5.3 混凝土结构

以混凝土为主制成的结构，包括素混凝土结构、钢筋混凝土结构和预应力混凝土结构，按施工方法可分为现浇混凝土结构和装配式混凝土结构。

1.5.4 锚固长度

受力钢筋依靠其表面与混凝土的黏结作用或端部构造的挤压作用而达到设计承受应力所需的长度。

1.5.5 钢筋连接

通过绑扎搭接、机械连接、焊接等方法实现钢筋之间内力传递的构造形式。

1.5.6 砌体结构

由块体和砂浆砌筑而成的墙、柱作为建筑物主要受力构件的结构。是砖砌体、砌块砌体和石砌体结构的统称。

1.5.7 复验

建筑材料、设备等进入施工现场后，在外观质量检查和质量证明文件核查符合要求的基础上，按照有关规定从施工现场抽取试样送至试验室进行检验的活动。

1.5.8 检验批

按相同的生产条件或规定的方式汇总起来供抽样检验用的、由一定数量样本组成的检验体。

1.6 防腐绝热工程

1.6.1 内聚破坏

胶粘层自身破裂，在两个被粘物表面均有胶粘剂黏结存在。

1.6.2 界面破坏

胶粘层与被粘物界面处发生目视可见的破坏现象。

1.6.3 聚乙烯防腐带

用聚乙烯料挤带，胶粘剂（或热熔胶挤膜）材料加热贴合成的带状材料。

1.6.4 辐射交联聚乙烯热收缩带（套）

聚乙烯带材经辐射、拉伸（扩张）、与热熔胶层复合，在一定温度下能够产生定向收缩的防腐绝缘带（套）。

1.6.5 防腐层

在弯管上，底层为熔结环氧粉末，外层为聚乙烯复合带热贴合在一起的结构；或底层为环氧底漆，外层为辐射交联聚乙烯热收缩带（套）热贴合在一起的结构。

1.6.6 防护层

为防止水或潮气进入保温层，在保温层外部设置的防护结构。

1.6.7 防水帽

采用辐射交联聚乙烯热收缩材料或其他等效材料制作的，用于保温管端部防水的异型件。

2 工程质量检查要点

本章以 Q/SY 25002《石油天然气建设工程质量监督管理规范》为主要依据，涉及责任主体质量行为和管道安装、设备安装、电仪安装、建筑、防腐绝热等实体质量，对工程质量监督检查技术要点进行专项解读，便于员工有效掌握工程质量监督检查要求。

2.1 责任主体质量行为

2.1.1 建设单位质量管理要点

（1）机构职责：

① 成立项目管理机构，明确质量主管领导和质量主管部门（或质量管理人员）。

② 明确各领导、各部门和岗位的质量管理职责。

（2）合规管理：

① 项目开工前核准或备案。

② 明确各领导、各部门和岗位的质量管理职责。项目开工前取得用地许可、建设工程施工许可（如需要）。

③ 项目开工前办理工程质量监督手续，按要求履行开工报告审批手续。

（3）质量目标：

① 明确工程总体质量目标（如创优目标等），对各承包商、

各部门进行宣贯。

② 结合工程总体质量目标（如创优目标等），制定各部门具体工程质量指标，并进行量化考核。

（4）项目管理手册：

① 编制项目管理手册，按程序履行审批及备案手续。

② 项目管理手册中明确项目质量管理内容，管理目标、职责划分、管理界面、工作流程、管理要求，建立项目管理执行的相关法律法规、规章制度、标准规范指引。

（5）总体部署和质量计划：

① 项目开工前编制完成总体部署，总体部署内容符合要求并按规定履行相关审批手续。

② 项目开工前，建设单位完成质量计划编制及报批工作，内容符合要求。

③ 建设单位质量计划向 PMC、监理、检测、工程总承包、勘察设计、施工等承包商进行交底和培训，向建设单位项目管理人员进行了交底。

④ 组织对质量计划执行情况进行监督检查，及时解决执行过程中存在问题。工程项目发生重大调整变化，及时修订和发布新版质量计划，重新履行相关审批手续。

（6）承包商管理：

① 所选承包商在集团公司承包商资源库目录内。

② 承包商合同中对工程质量有具体要求，对分包事宜做出约定。允许分包的工程，禁止承包商分包给资质不符合要求的分包商；分包商短名单经建设单位认可，最终确定的分包商报建设单位审批或备案。

③ 监理选择前进行资质审查，资质等级及营业范围与承揽工程内容符合，由建设单位与监理单位签订合同。

④ 焊接质量无损检测不得由施工单位自行委托，检测单位资质符合要求。

⑤ 组织承包商进行合同交底，明确合同工作范围、权利义务、项目目标及管理要求等。

⑥ 制订对承包商的考核办法（或合同考核条款），并按规定对所使用的承包商进行考核评价，相关记录应真实、全面，杜绝应考核评价不考核评价，考核评价不客观、不全面等现象。

（7）施工图管理：

① 按规定组织设计交底和图纸会审。

② 审核施工图变更，严禁降低质量标准。

（8）采购管理：

① 采购合同对采购产品的监造、检验、验收、储存、运输等环节质量控制有明确要求；对于采购选商的方式、流程有明确要求并执行。

② 对监造目录中的产品委托监造单位进行监造，明确监造单位职责和监造工作内容。对监造单位的监造计划或实施细则进行审核确认。掌握监造单位报告的产品制造过程中加工、试验、总装等情况；按照合同规定接收最终监造报告和合同约定的监造资料。

③ 项目带量集中采购物资组织实施。一级物资采购合同应用已发布的采购技术规格书。对到货质量验收及仓储配送进行管理。

（9）焊工准入管理：

① 准入管理机构由建设、项目管理、监理等单位的相关专业

技术人员组成，其中至少配备一名焊接专业工程师。

② 自行或者委托具有相应资质的专业机构进行焊工准入考试并发证。

③ 对转场焊工相关资料核实、发证和第一道焊缝质量检测把关。

（10）变更管理：

① 工程变更按照程序进行，经设计单位确认。

② 在监理、工程总承包、施工、检测等承包商工程合同中，对不可替换人员进行约定。

③ 对不可替换人员更换进行审批。

（11）接口与沟通：

① 建设单位应统筹协调项目各个合同之间的功能和内容，合理界定各责任主体的质量权利和义务，确保各个合同之间有序衔接。

② 建立参建单位之间沟通渠道，明确沟通内容及方式，及时收集、处理、通告质量相关信息。

（12）监督检查：

① 按照要求及时对工程总承包（或施工）承包商的开工报告、质量计划、施工组织设计、施工方案等重要文件进行审批。

② 按照要求及时对监理规划、监理细则等重要文件进行审批或备案。

③ 对承包商进行监督检查，实施动态管理，定期对承包商资源投入、人员资格及发现问题整改情况进行监督检查。

④ 按要求及时组织对已完工的单位工程进行验收。

2.1.2 监理单位质量管理要点

（1）项目机构设置：

① 设置项目监理机构，监理机构组织形式和规模满足监理合同约定和项目特点。

② 专业监理工程师配置与项目专业配套，数量满足需要。

③ 监理单位在监理合同签订后，及时将项目监理机构的组织形式、人员构成及对总监理工程师的任命书面通知建设单位。

（2）监理人员：

① 总监理工程师必须为注册监理工程师，由监理单位法定代表人书面任命；总监理工程师代表的任命应经监理单位法定代表人同意，由总监理工程师书面授权，执业资格满足要求。

② 专业监理工程师和监理员应持有相关资格证书，数量与合同约定（或投标文件）一致。

③ 总监理工程师、总监理工程师代表、安全监理工程师和关键专业监理工程师人选在监理服务合同中明确，在工程建设期间不应擅自调换。可替换人员的变更履行相关手续。

（3）监理检测工具、标准规范：

① 配备满足工作需要的检测仪器设备，配备的仪器设备完好、需经计量检定的在检定有效期内。

② 对工程项目执行标准规范进行规定，列出标准规范目录。

（4）监理规划及监理实施细则：

① 项目监理机构应结合工程实际情况编制监理规划，监理规划必须经监理单位技术负责人审核批准，报送建设单位审批。

② 明确项目监理机构的工作目标，确定具体的监理工作制度、内容、程序、方法和措施。

③ 监理细则在相应工程施工开始前由专业监理工程师编制，报总监理工程师审批，依据监理合同约定报建设单位批准或备案。

④ 监理细则明确巡视、平行检验、旁站的部位、检查内容、抽检比例和质量控制要求。

（5）过程控制：

① 审核施工承包商报送的施工组织设计，施工方案，质量计划等。

审核施工承包商报送的资质及投入资源。对进场原材料、构配件和设备应在施工承包商自检基础上进行检验把关。对承包商报验的各专业隐蔽工程、设备安装与找正、管道焊接与防腐等施工记录，以及对完工的检验批、分项工程和分部工程，对质量验收合格的及时给予签认。

② 审核焊工执业资格，配合焊工准入机构对焊工准入进行管理。

③ 及时向检测单位下达检测指令，对检测单位报验资料进行复核审批并签字确认。及时对无损检测单位射线底片（或 AUT 资料等）按要求的比例进行复核。

④ 对试验室资质、能力进行检查。

⑤ 及时向工程质量监督机构报审必监点。

⑥ 按照批准的旁站点进行旁站，记录真实、完整。按照要求进行平行检验、巡视检查。总监理工程师按要求进行巡视，按照规定履行见证取样职责。

⑦ 监理通过旁站、平行检验、巡视，能及时发现各类质量问题，并按规定下达质量问题通知单。对监督机构等有关部门提出的质量问题，督促进行整改。

（6）沟通协调：

① 项目监理机构应参加建设单位组织的相关会议，定期向建设单位报告工程实施情况，上报监理工作报告、总结等材料。

② 及时组织监理例会，记录齐全。

2.1.3 工程总承包单位质量管理要点

（1）机构职责：

① 成立项目管理机构，建立项目质量管理体系，明确质量主管领导和质量主管部门（或质量管理人员）。

② 明确各领导、各部门和岗位的质量管理职责。

③ 主要专业人员配置齐全、并且具备相应执业资格。

④ 工程总承包单位（以下简称总包单位）项目管理人员到位，关键管理人员的替换审批符合合同约定和相关要求。

（2）质量计划：

① 项目开工前，总包单位应完成质量计划编制及报批工作，内容符合要求。

② 总包单位质量计划向分包商进行交底和培训，向总包单位项目管理人员进行了交底。

③ 按照质量计划设置的质量控制点、检验和试验计划组织实施，资料齐全准确。按照质量计划设置的质量控制点和质量控制矩阵表组织、参加质量检查。

④ 组织对质量计划执行情况进行监督检查，及时解决执行过程中存在的问题。工程项目发生重大调整变化，应及时修订和发布新版质量计划，并重新履行相关审批手续。

（3）分包商管理：

① 编制合理的项目分包计划，制订分包商选择方案并按照实

施，且其分包工程在承包合同中载明或得到建设单位批准。

② 组织承包商进行合同交底，明确合同工作范围、权利义务、项目目标及管理要求等。

③ 所选分包商在集团公司承包商资源库目录内，全部报建设单位备案，资质等级及营业范围与承揽工程内容符合。

④ 与分包商签订的工程合同中对工程质量有明确要求。

⑤ 审核分包商主要人员的任命（授权）书、资格证书，其他技术质量管理人员和特殊工种作业人员的资格证书和上岗证书情况。

⑥ 对关键管理人员进行约定，审批关键管理人员的更换。

（4）采购管理：

① 采购合同对采购产品的监造、检验、验收、储存、运输等环节质量控制要求明确。对于采购选商的方式、流程有明确要求并执行。

② 对监造目录中的产品委托监造单位进行监造，明确监造单位职责和监造工作内容。对监造单位的监造计划或实施细则进行审核确认，对监造工作质量进行考核。

③ 项目带量集中采购物资组织实施情况。一级物资采购合同应用已发布采购技术规格书。对到货质量验收及仓储配送管理进行审核。

（5）过程控制：

① 按照要求及时对施工分包商的开工报告、质量计划、施工组织设计、施工方案等重要文件进行审核。

② 对分包商现场作业人员、机具、质量关键控制点等进行监督检查，实施动态管理。

③ 制订对分包商的考核办法（或合同考核条款），考核办法中有质量条款，对承包商进行考核。

④ 督促分包商对检查发现的问题进行整改，按合同条款进行考核。

2.1.4 施工单位质量管理要点

（1）机构职责：

① 具有项目管理机构成立文件，压力容器、压力管道质量保证体系成立文件，明确质量负责人，质保体系人员。

② 具有项目经理的任命（授权）书、资格证书，技术负责人任命文件与专业资格。

③ 配备专职质量管理人员，质量专职人员职责明确。技术质量管理人员现场到位，认真履职。

（2）质量计划：

① 按要求编制质量计划及检验和试验计划，内容完整，明确质量控制点、质量控制措施及质量指标等。

② 施工单位质量计划向分包商进行交底和培训，向施工单位管理人员进行交底和培训。

③ 按照质量计划设置的质量控制点、检验和试验计划组织实施，资料齐全准确。

（3）分包管理：

① 编制合理的工程项目分包计划，制订分包商选择方案并组织实施，分包工程在分包合同中载明或得到建设单位（或总包单位）批准。

② 所选分包商资质等级及营业范围与承揽工程内容符合；分

包合同中对工程质量有明确要求。

③ 组织分包商进行合同交底，明确合同工作范围、权利义务、项目目标及管理要求等。

④ 审核分包商特种作业人员、特种设备作业人员的资格证书和上岗证书情况，审批替换人员的更换。

（4）采购管理：

① 采购合同对采购产品的监造、检验、验收、储存、运输等环节质量控制明确要求。对于采购选商的方式、流程有明确要求并执行。

② 组织实施项目物资采购，对到货质量验收及仓储配送管理进行审核。

（5）焊工准入管理：

① 入场焊工持有相应标准规范要求的焊工资格证。

② 入场焊工按要求申报相关资料，通过焊接作业能力验证性考核，获得准入管理机构进场施焊准入证。

（6）过程控制：

① 严格按照设计文件施工，如设计文件有明显差错，及时提出意见和建议。

② 查验主要技术、质量管理人员和特殊工种作业人员的资格证书和上岗证书情况。按照合同（招投标）约定审批，不可替换人员的更换。

③ 对有复检要求的原材料、试块试件，委托有资质的单位（实验室）进行复检。

④ 建立技术交底制度，按要求进行技术交底。建立工序交接制度，按要求进行工序报验交接。施工质量应严格执行施工操作

人员自检、工序交接互检、专职质量检查员检查的质量三检制。

⑤ 针对施工难点和关键工序制订施工方案（如冬期施工方案）、作业规程（指导书），按要求报批。

⑥ 人员、施工机具进场按规定向监理报验。原材料、构配件、设备进场按规定向监理报验。各专业隐蔽工程、设备安装与找正、管道焊接与防腐等施工记录，以及检验批、分项工程、分部工程和单位工程完成后，按规定向监理进行工程报验。执行监理指令。

（7）质量问题处理：

① 通过自检自查等方式，发现施工过程中的质量问题，及时进行整改。

② 对质量监督和监理等机构提出的质量问题，及时进行整改，并回复。

（8）现场保护和不合格品标示：

① 施工单位对进场原材料、设备及已完工程应有成品保护措施。

② 现场不合格品进行显著标示，进行有效隔离。

2.1.5 设计单位质量管理要点

（1）设计交底：参加设计交底。

（2）图纸会审：

① 参加建设单位组织的图纸会审，答疑设计的问题。

② 对形成的图纸会审记录签署意见。

（3）设计变更管理：

对建设、施工等单位提出的影响工程质量的设计问题，出具设计变更。

（4）现场服务：

① 项目勘察设计人员现场服务，解决设计问题。

② 项目勘察设计人员参加工程质量验收。

（5）勘察设计图纸质量：

① 设计采用标准适用有效，注明工程合理使用年限。

② 设计文件的内容和深度满足施工需要。

2.1.6 检测单位质量管理要点

（1）单位资质：企业资质与承揽项目相符合。

（2）机构设置：

① 成立项目检测机构。

② 进场人员报审。

③ 检测人员数量、资格符合要求。按要求对替换人员进行报批。

（3）检测装备能力：

① 办公条件。

② 检验检测仪器设备和器材的数量及能力。

③ 仪器设备储存，暗室、评片室环境。

（4）质量控制文件管理：

① 质量体系控制文件。

② 检测方案。

③ 工艺规程，操作指导书，检测文档管理。

2.2 管道安装工程

2.2.1 钢质管道安装质量管理要点

（1）质量证明文件、现场管道组成件材质及验收与规范、设计符合性。

（2）管道组成件（支承件）、预制、安装、管道系统试验等施工质量与规范、设计符合性。

2.2.2 非金属管道安装质量管理要点

（1）质量证明文件，核对其性能数据与国家现行有关产品标准及设计文件的符合情况。

（2）用于管道连接的管子和管件型号、规格与设计文件及相关标准的符合性。

（3）需要编制接头连接（焊接）工艺规程的非金属管道工程及其工艺规程的编审、审批情况。

（4）现场连接接头施工未严格按照标准规范或接头连接（焊接）工艺规程施工情况。

（5）管沟开挖深度和宽度与设计文件要求的一致性。

（6）试压方案编审及报建设、监理单位审批情况。

（7）试压过程中压力值、试压介质、试压时间等与设计文件及相关标准的符合性。

2.2.3 线路工程质量管理要点

穿跨越工程材料、试压、防腐等。

2.2.4 焊接工艺质量管理要点

（1）焊接工艺文件审批及内容等。

（2）焊工资格。

（3）焊接设备。

（4）焊接材料等。

（5）组对、焊缝外观质量、焊接工艺执行情况等。

（6）热处理工艺执行情况等。

2.3 设备安装工程

2.3.1 动设备安装质量管理要点

（1）设备开箱检验、合格证、质量证明文件、现场设备及零部件材质与规范、设计符合性。

（2）基础复测及交接、垫铁安装、二次灌浆、找正、对中、试运转等施工质量与规范、设计符合性。

2.3.2 储罐、气柜安装质量管理要点

（1）质量证明文件、现场材料及零部件材质、验收与规范、设计符合性。

（2）预制、基础检查、组装、焊接、罐底真空试漏、充水试验、检查及验收等施工质量与规范、设计符合性。

2.3.3 球罐安装质量管理要点

（1）质量证明文件、现场材料及零部件材质、验收与规范、设计符合性。

（2）基础检查、组装、球体几何尺寸、柱腿找正、焊接、焊缝检查、热处理、产品焊接试件、耐压试验、防腐、绝热等施工质量与规范、设计符合性。

2.3.4　其他静设备安装质量管理要点

（1）质量证明文件、现场材料及零部件材质、验收与规范、设计符合性。

（2）基础复测及交接、垫铁安装、筒体安装找正、内件安装、组装、焊接、热处理、焊缝外观、无损检测、液压试验、防腐、绝热等施工质量与规范、设计符合性。

2.4　电仪安装工程

2.4.1　杆塔组立工程质量管理要点

（1）核查混凝土电杆、钢管电杆、铁塔的型号、规格及质量证明文件、合格证。

（2）核查电杆焊接质量。

（3）核查铁塔基础强度：

① 铁塔分片组立时，基础混凝土抗压强度必须达到设计强度70%。

② 铁塔整体组立时，混凝土抗压强度应达到设计强度100%。

（4）核查杆塔组装、组立质量及验收情况。

2.4.2　电缆（线）线路敷设工程质量管理要点

（1）核查电缆（线）在特殊部位的保护措施。

① 电缆（线）在特殊部位的保护措施应符合设计及规范的要求。

② 直埋电缆的上部、下部应铺以不小于 100mm 厚的软土砂层，并加盖保护板，其覆盖宽度应超过电缆两侧各 50mm。软土

或砂子中不应有石块或其他硬质杂物。

③ 垂直敷设或超过30° 倾斜敷设的电缆在每个支架上应固定牢固；水平敷设的电缆，在电缆首末两端及转弯、电缆接头的两端处应固定牢固；当对电缆间距有要求时，每隔5～10m处应固定牢固。

（2）核查火灾危险环境电缆（线）阻火措施及密封质量。

（3）核查电缆（线）的相关接地情况。

① 火灾危险环境的金属配线管及其配件、电缆保护管、电缆金属护套等非带电的裸露金属部分，均应接地。

② 利用电缆（线）保护钢管做接地线时，应先焊好接地线，再敷设电缆（线）。有螺纹连接的电缆管的管接头处，应焊接跳线，跳线截面积应不小于30mm²。

③ 电缆终端头处的电缆铠装层、电缆网状屏蔽层应用接地线引出并可靠接地；电缆的接地线应采用铜绞线或镀锡铜编织线。

④ 核查高压电力电缆交接试验报告。

⑤ 核查低压及控制电缆绝缘电阻测试情况。

2.4.3 接地装置安装工程质量管理要点

（1）核查接地装置及降阻剂材料的质量证明文件。

（2）核查接地装置的敷设情况。

（3）核查接地线跨接、断接卡设置及保护措施情况。

① 接地线跨接、断接卡设置的施工应符合设计和相关规范要求。

② 接地线跨越建筑物伸缩缝、沉降缝处时，设置补偿器。

③ 建筑物上的防雷接地线采用多根引下时，应设置断接卡，

并对断接卡采取保护措施。

（4）防雷接地应采取自下而上的顺序施工，即先安装集中接地装置，再安装接地线，最后安装接闪器的施工顺序。

（5）核查保护接地，防静电接地及防雷接地的接地电阻值测试情况。

2.4.4 防爆电气设备安装工程质量管理要点

（1）核查防爆电气设备铭牌标识情况。

① 防爆电气设备铭牌完整，固定牢靠。

② 防爆电气设备铭牌上“Ex”标志及设备类型、级别、组别、环境条件、防爆合格证号等标识清晰，符合规范要求。

（2）核查防爆电气设备安装固定情况。

① 设备安装用的紧固件，除地脚螺栓外，铁制紧固件及支架应采用镀锌制品。

② 防爆电气设备宜安装在金属制作的支架上，支架应牢固，有振动的电气设备的固定螺栓应有放松装置。

（3）核查防爆电气设备进线口密封质量。

① 防爆电气设备进线口密封设施施工应符合相关规范的要求。

② 防爆电气设备、接线盒、分线盒接线施工完成后，应对其密封设施进行恢复原位，保持原有的密封性。

③ 钢管螺纹与电气设备或接线盒的连接时，螺纹啮合紧密，非螺纹连接的进线口，钢管引入后应装设锁紧螺母；与电动机及有振动的电气设备连接时，应装设金属挠性连接管。

（4）核查电气接线的电气间隙及爬电距离。电气设备接线盒内部接线的电气间隙及爬电距离不小于相关规范要求。

（5）核查接地装置安装及测试情况。

① 接地装置安装应符合设计及相关规范的要求。

② 接地电阻测试值符合设计或相关规范的要求。

（6）核查电气设备交接试验报告。

2.4.5 仪表安装工程质量管理要点

（1）核查仪表的规格、型号、防爆等级、防爆证号等质量证明文件。

（2）核查仪表及取源部件的安装位置、方向、角度、连接质量。

① 仪表及附件的防护措施到位，外观应完好，接线及安装方向、角度正确，安装位置应便于观察、操作和维护。

② 仪表及取源部件安装应固定牢靠，不应承受非正常外力，上游、下游直管段应符合设计要求。

③ 电缆（补偿导线）接线正确牢固，线号清晰，导通、绝缘良好。

（3）核查防爆附件及接地安装情况。

① 仪表外壳、被测流体和管线连接法兰三者之间有等电位连接要求的，应检查其连接接地情况。

② 防爆仪表及其安装时的密封和接地质量应符合设计文件要求和标准规范的规定。

（4）核查校验记录。

① 就地指示仪表校验记录。

② 温度、压力、流量、物位仪表校验记录。

③ 分析仪表校验记录。

④ 仪表回路联校记录。

2.5 建筑工程

2.5.1 地基与基础工程质量管理要点

（1）地基工程：

① 是否进行验槽，检验要点是否符合规范要求。

② 地基承载力是否进行复核。

③ 是否对复合地基承载力、桩体质量、单桩承载力等指标进行复核。

（2）基础工程：

① 是否对放线尺寸、轴线和桩位进行复核。

② 灌注桩是否按照规范要求留置标准养护试块。

③ 桩基础是否进行单桩承载力和桩身完整性检验，抽检比例是否符合规范要求。

④ 基础施工是否满足设计与图纸要求。

2.5.2 混凝土结构工程质量管理要点

（1）模板分项工程：

① 滑模、爬模等工具式模板工程及高大模板支架工程的专项施工方案是否进行了技术论证。

② 立杆纵距、横距、支架步距及构造要求是否满足专项施工方案与规范要求。

③ 后浇带处模板及支架是否独立支设。

④ 模板的拆除是否达到规范要求的条件。

（2）钢筋分项工程：

① 钢筋产品质量证明书中各项化学成分与力学性能是否符合规范要求。

② 钢筋复检项目与各项指标检测结果是否满足规范要求。

③ 钢筋弯折的弯弧内直径是否符合规范要求。

④ 箍筋、拉筋末端弯钩的弯折角度与平直段长度是否满足规范要求。

⑤ 钢筋连接方式是否符合设计及规范要求。

⑥ 钢筋的接头位置是否符合规范、图集的要求。

⑦ 钢筋采用机械连接或焊接连接时，是否对接头的各项物理性能进行抽检。

⑧ 钢筋采用搭接接头时，搭接长度是否满足规范要求。

⑨ 接头面积百分率是否符合要求。

⑩ 钢筋安装时，受力钢筋的牌号、规格和数量是否符合设计要求。

⑪ 受力钢筋的锚固构造是否符合规范、图纸的要求。

（3）混凝土分项工程：

① 混凝土浇筑前是否进行坍落度现场检测。

② 混凝土是否按规范要求留置标准养护试块、同条件养护试块。

③ 混凝土有耐久性指标要求时，是否按规定进行检验评定。

④ 混凝土是否按规范要求进行强度评定。

（4）现浇结构分项工程：

① 混凝土养护措施是否满足规范要求。

② 混凝土冬季施工是否编制冬季施工方案，冬季施工措施是

否满足规范要求。

③ 大体积混凝土测温点布置是否符合规范要求，温控措施是否到位。

（5）混凝土结构子分部工程：是否按规范要求进行结构实体检验。

2.5.3 砌体结构工程质量管理要点

（1）砌筑砂浆：

① 自拌砂浆是否对进场水泥进行复验。

② 自拌水泥有无配合比、计量。

③ 是否按规范要求留置砂浆试块。强度是否评定。

（2）砖砌体工程：

① 砖块进场是否进行复检。

② 砌体灰缝是否密实饱满。

③ 临时间断处留槎是否符合规范要求。

（3）填充墙砌体工程：

① 洞口是否按规范要求设置过梁、抱框柱。

② 砌体灰缝是否密实饱满。

③ 拉结筋布设是否满足规范要求，当采用植筋时，是否按规范要求进行拉拔试验。

④ 砌块搭砌长度是否正确。

2.5.4 节能及装饰装修工程质量管理要点

（1）核查原材料质量证明文件。

（2）原材料是否按规范要求进行复检。

（3）现场实体与规范、设计符合性。

2.6 防腐绝热工程

（1）核查质量证明文件、现场材料材质及验收与规范、设计符合性。

（2）核查除锈、防腐、绝热等施工质量与规范、设计符合性。

（3）核查防腐层外观、厚度、搭接、附着力满足设计或规范要求情况，有无针眼、漏点等质量问题。

（4）核查绝热材料及其制品的外观、几何尺寸质量符合相应规范的情况。

（5）核查施工单位和监理单位施工资料与现场的符合性。

3 工程质量检查常见问题

本章以《中国石油油气田地面建设标准化工程质量监督技术手册》为主要依据，涉及责任主体质量行为和管道安装、设备安装、电仪安装、建筑工程、防腐绝热工程等实体质量，对工程质量监督检查中发现的常见问题进行了归纳，通过学习，能够高效排查出施工现场存在的质量隐患。

3.1 责任主体质量行为

3.1.1 建设单位检查常见问题

（1）建设项目的可行性研究报告、初步设计文件未经过审批签发。

（2）工程开工时工程质量监督手续未办理。

（3）质量管理组织机构未建立，质量管理职责未明确。

（4）质量计划未编制，质量目标未明确。

（5）监理单位与施工、检测单位有隶属或其他利益关系。

（6）第三方检测单位与监理、施工单位有隶属或其他利益关系。

（7）建设单位未组织设计交底、施工图会审。

（8）建设单位在项目实施过程中未对发生的设计变更进行审批。

（9）建设单位未对施工组织设计、施工方案、检测方案、质量检验计划、监理规划等重要施工技术及质量管理文件进行审批。

（10）建设单位未对施工、监理、检测单位的质量管理及质量控制情况进行检查。

3.1.2 监理单位检查常见问题

（1）监理单位超越资质等级和专业许可的范围承揽工程监理业务。

（2）监理单位与被监理工程的施工单位及材料、构配件与设备供应单位有隶属关系或其他利害关系。

（3）总监理工程师没有企业法定代表人授权的文件；总监理工程师与合同约定不一致。

（4）监理工程师的专业和数量与建设工程监理合同和监理规划的要求不一致。

（5）巡视、平行检验、旁站的抽查比例低于监理规划和监理实施细则的承诺，或者未按照监理规划和监理实施细则开展巡视、平行检验、旁站检验。

（6）施工组织设计、施工（检测）方案和质量检验计划报审程序不符合要求。

（7）未及时发现在建的分工程属于转包或违法分包。分包单位资质达不到现场施工要求。

（8）进场的材料、设备平行检验记录结论与实际不相符。

（9）测量放线控制成果及保护措施、隐蔽工程或工序报审程序不符合要求。

（10）未对监理工程师通知单提出的质量问题彻底整改。

（11）监理日志记录问题时对问题的描述模糊，处理措施和处理结果记录不完整。

3.1.3 工程总承包单位检查常见问题

（1）EPC（总承包）资质与工程实际、合同约定不符。

（2）质量计划编制、报审不符合要求。

（3）项目管理人员执业资格不符合要求。

（4）进场设备材料监造资料不齐全。

（5）施工变更不符合变更程序要求。

（6）分包企业资质不符合要求。

（7）未对分包企业的施工记录进行审查。

3.1.4 施工单位检查常见问题

（1）施工单位资质等级许可范围与所承揽的工程不符。

（2）质量计划的内容不满足工程需要。

（3）项目管理人员执业资格不符合要求。

（4）施工组织设计、施工方案或涉及的内容不齐全，对工程质量各环节缺乏有效控制，不能全面指导工程项目施工，或套用其他工程的施工组织设计、方案，不符合在建工程实际。

（5）配备的仪器、设备不符合施工组织设计、建设工程施工合同的要求。

（6）设计图纸及相关标准规范执行不到位。

（7）原材料、构配件和设备入场报验制度未落实。

（8）施工单位相关技术人员未组织进行技术交底或未形成书面交底文件。

（9）建设、监理、监督等单位提出质量问题整改未回复或回复不及时。

（10）工程交工技术文件不齐全。

3.1.5 设计单位检查常见问题

（1）超出资质等级和营业范围承担勘察设计业务。

（2）勘察设计人员资质证书不符合要求。

（3）设计变更处理办理不及时。

（4）未标明建设工程合理使用年限。

（5）设计深度达不到国家和行业标准规定，不满足现场施工和使用功能需要。

（6）以设计联络单代替设计变更。

3.1.6 检测单位检查常见问题

（1）检测机构超越核准的类别、业务范围承接检测业务。

（2）检测机构的检测人员从事的检测项目与其资格不相符。

（3）未明确质量目标，未制定质量方针。

（4）质量程序和质量控制文件编写内容缺乏指导性、操作性。

（5）检测方案、检测工艺规程、检测作业指导书未全部执行。

（6）检测机构未定期对检测仪器、设备进行计量检定、校准、核查。

（7）违反检测程序、工艺，造成检测结果或鉴定结论严重失实。

（8）弄虚作假，伪造检测数据，出具虚假检测结果或鉴定结论。

3.2 管道安装工程

3.2.1 钢制管道安装常见问题

（1）焊接工艺规程的编制单位或人员无相应评定或编制能力。

（2）焊接工艺规程编制、审核、批准的人员不具备相应资格，或未向监理工程师报审。

（3）施工现场未按照焊接工艺规程要求进行焊接作业。

（4）从事焊接的焊工资格证与焊接工艺规程不符。

（5）管沟验收、防腐绝缘层电火花检测及检验批质量验收等资料未形成，或未经监理签认。

（6）管道埋深、同沟敷设管道间距的保护措施不符合设计要求。

（7）无试压方案或试压方案的内容不符合施工规范要求，或未经监理、建设单位审批就进行试压工作。

（8）强度和严密性试验压力值、稳压时间不符合规范要求。

3.2.2　非金属管道常见问题

（1）施工报验过程中提供的质量证明文件不齐全，如缺少相关检测试验报告、要求复验的材料未提供复验报告等。

（2）需要编制接头连接（焊接）工艺规程的非金属管道工程未编制工艺规程，现场已开始施工。

（3）现场连接接头施工未严格按照标准规范或接头连接（焊接）工艺规程施工。

（4）管沟开挖深度、宽度不符合设计文件要求。

（5）管沟底部未清理干净，存在石块、砖块、冻土块或铁制品等尖锐硬物。

（6）同沟敷设时，不同材质管道下沟顺序或管道间距不符合设计和标准规范要求。

（7）埋地管道未下沟回填或下沟回填工作未结束已开始试压工作。

（8）管道系统上的设备、仪表和管道附件等设施未按要求隔离拆除，与管道系统一起试压。

（9）试压用压力表未检定或不在检定周期有效期内使用。

（10）强度及严密性压力值不符合设计文件和标准要求。

3.2.3 焊接工艺常见问题

（1）施工单位凭经验施焊，无焊接工艺规程或焊接作业指导书。

（2）焊接工艺规程或焊接作业指导书的编制无焊接工艺评定依据作为技术支持文件。

（3）焊接工艺评定报告中的个别试验项目未按相应要求进行试验，试验项目不全。

（4）现场施焊的管材、焊材、焊接方法等重要因素超出焊接工艺规程或焊接作业指导书适用范围。

（5）现场施焊参数，如焊接电流、焊接层数，预热温度、焊道之间时间间隔或层间温度、施焊环境等，未严格按照焊接工艺规程或焊接作业指导书执行。

（6）焊工资格与规范要求不符（焊工不持证上岗或超范围焊接）。

（7）焊接材料的现场保管、烘干、发放及使用不规范。

（8）焊缝表面药皮、飞溅不清理。

（9）不锈钢管焊件坡口两侧不采取防飞溅措施。

（10）焊缝无损检测委托单不附单线图或所附单线图与实际不符。

（11）现场针对不利焊接环境不采取措施或所采取的措施与方案不符。

（12）管道焊接工作记录中填写的内容与焊接实际操作不符。

3.3 设备安装工程

3.3.1 静设备安装常见问题

（1）设备垫铁层数过多，安放高度超标。

（2）垫铁露出设备底座长短不一，成犬牙状。

（3）垫铁放置不平稳，与基础接触不良。

（4）垫铁组间距过大，安放位置不符合设计和规范要求。

（5）斜垫铁未成对使用。

（6）斜垫铁搭接面积不符合规范要求。

3.3.2　动设备安装常见问题

（1）设备合格证、质量证明书不齐全。

（2）无设备基础验收记录。

（3）垫铁露出设备底座长短不一。

（4）垫铁放置位置不符合规范要求。

（5）斜垫铁未配对使用。

（6）同一垫铁组之间垫铁接触面积不符合规范要求。

（7）同一垫铁组之间未断续焊牢。

（8）垫铁规格尺寸不符合要求。

（9）设备垫铁层数过多，高度超标。

（10）垫铁放置不平稳，与基础接触不良。

（11）垫铁隐蔽记录与实际不一致。

3.4　电仪安装工程

3.4.1　杆塔组立工程常见问题

（1）混凝土电杆焊缝存在错边、咬肉、焊缝高度不足、焊缝宽度不匀现象。

（2）铁塔基础试块留置数量及养护条件不符合规范要求。

（3）铁塔地脚板、横担等铁件存在气割扩孔或烧孔现象。

（4）铁塔地脚螺栓未紧固、塔脚板与基础面空隙未处理就进行放线、紧线工作。

（5）铁塔连接螺栓紧固扭矩值不符合设计或规范要求。

（6）杆塔临时施工时接地的接地线未按照先下后上的规定施工。

3.4.2 电缆（线）线路敷设工程常见问题

（1）电缆（线）型号、规格、性能与设计不符。

（2）不同界面电缆沟密封填料不符合规范要求。

（3）火灾危险环境电缆保护管密封不符合规范要求。

（4）电缆在沟、架（槽）内敷设时弯曲半径不符合规范要求。

（5）直埋电缆埋设深度、保护措施等不符合规范要求。

（6）多股铜芯电线与线夹、线鼻连接不可靠。

（7）电缆头在盘（柜）内固定不牢靠。

（8）电缆铠装或屏蔽层接地不可靠。

（9）电缆桥架接地跨接做法不符合规范要求。

（10）火灾爆炸危险场所，电缆留置接头未做有效保护。

3.4.3 接地装置安装工程常见问题

（1）独立避雷针接地网不符合设计要求。

（2）屋面防雷引下线数量、位置不符合设计。

（3）接地体、接地线焊接搭接长度、焊接棱边数不符合规范规定。

（4）接地线出入地坪未采用保护措施。

（5）设备接地位置不符合设计或规范要求。

（6）接地线断接卡留置高度不符合要求。

（7）防雷带采用多点引下时，断接卡无保护措施。

3.4.4　防爆电气设备安装工程常见问题

（1）电气设备、材料的型号、规格不符合设计要求。

（2）电气设备、接线盒配线口密封垫损坏或丢失，密封性不符合要求。

（3）开关盒、接线盒未用的进线口，密封不符合要求。

（4）防爆设备、接线盒配线钢护管及防爆挠性管接头松动，密封性不符合要求。

（5）接线盒内带电体的电气间隙和爬电距离不符合要求。

（6）防爆挠性管弯曲半径不符合规范规定。

（7）防爆挠性管密封材料变形、开裂。

3.4.5　仪表安装工程常见问题

（1）仪表安装的方向、角度不符合设计要求，安装的位置不便于观察和维护。

（2）仪表外壳、金属管线、法兰三者有等电位要求的未做跨接连接。

（3）安装仪表时管线的上游、下游直管段长度不符合设计要求。

（4）火灾、防爆区仪表电缆穿管接口固定不牢靠，密封不严。

3.5　建筑工程

3.5.1　地基与基础工程常见问题

（1）未查到地基处理承载力检测报告等资料。

（2）未查到桩基础承载力、桩身完整性等资料。

（3）混凝土基础施工技术措施、混凝土配合比报告、混凝土试块强度检测报告、验收记录等资料不符合要求。

（4）砌体基础施工技术措施、砂浆配合比报告、砂浆试块强度检测报告、验收记录等资料不符合要求。

（5）原材料及半成品的质量证明文件、见证取样复试报告，以及预制构件结构性能试验报告等资料不符合要求。

（6）隐蔽工程验收记录资料不符合要求。

（7）结构实体位置、尺寸、标高不符合设计要求。

3.5.2 混凝土结构工程常见问题

（1）原材料及半成品的质量证明文件、见证取样复试报告，以及预制构件结构性能试验报告等资料不全。

（2）混凝土强度报告不符合要求。

（3）未进行混凝土强度评定。

（4）钢筋连接与钢筋锚固不符合规范、图集要求。

（5）施工缝与后浇带处浇筑混凝土不符合规范要求。

（6）未进行结构实体检测。

（7）未编制冬季施工方案。

（8）冬季施工措施不到位。

（9）隐蔽工程验收记录及相关施工技术资料不符合要求。

3.5.3 砌体结构工程常见问题

（1）现场砂浆拌制不规范。

（2）未留置砂浆试块或试块组数不足。

（3）砌块进场未进行复验。

（4）超 300mm 宽洞口未设置过梁。

（5）过梁与墙体搭接长度不足。

（6）砌体灰缝不饱满，存在瞎缝、假缝等。

（7）砌块搭砌长度不符合规范要求。

（8）拉结筋甩出长度不足、间距不符合规范要求、未进行拉拔试验。

3.5.4 节能及装饰装修工程常见问题

（1）建筑节能、装饰装修工程所用各种材料、五金配件、构件及组件的产品合格证书、性能检测报告、进场验收记录和复试报告不符合要求。

（2）施工记录、隐蔽工程记录等施工技术及质量控制资料不符合要求。

（3）建筑节能、装饰装修工程实体质量抽查不符合要求。

（4）建筑节能、装饰装修工程观感质量和细部处理质量不符合要求。

3.6 防腐绝热工程

（1）防腐层外观、厚度、搭接、附着力不满足设计或规范要求，存在有针眼、漏点等质量缺陷。

（2）绝热材料及其制品的外观、几何尺寸质量不符合相应规范的规定。

（3）绝热层材料、厚度、接缝、固定不满足设计和规范要求。

（4）施工单位和监理单位记录与现场不相符。

4 典型案例

4.1 管道安装工程

本节选取了石油天然气站内工艺管道安装和油气田集输管道安装动态施工现场存在的焊接工艺纪律执行不到位、焊缝外观不达标、热煨弯管切割使用、管口组对前未按要求进行预热、管口未加工坡口直接焊接等 30 个典型质量隐患实例，这些质量隐患的存在，能够导致焊缝强度不够，影响管道的运行安全。

案例 1 施工现场管线与滑动管架点焊到一起

【问题描述】某公司承建的井站站内工艺管线安装工程，施工现场管线与滑动管架点焊到一起。

【依据标准】GB 50540—2009《石油天然气站内工艺管道工程施工规范》(2012 年版)。

【条款】6.4.2“导向支架或滑动支架的滑动面应洁净平整，不应有卡涩现象”。

案例 2　管道焊缝间距不能满足要求

【问题描述】某公司承建的接转站站内工艺管线安装工程，焊接完的管线存在 3 处使用的短接最短长度约 90mm(规范要求不小于 150mm)。

【依据标准】GB 50540—2009《石油天然气站内工艺管道工程施工规范》(2012 年版)。

【条款】6.2.10“直管段上两对接焊口中心面间的距离不得小于钢管 1 倍公称直径，且不得小于 150mm”。

案例 3　安装的临时支撑点焊到母材上

【问题描述】某公司承建的计量站站内工艺管线安装工程，安装的临时支撑点焊到母材上。

【依据标准】GB 50235—2010《工业金属管道工程施工规范》。

【条款】7.12.9“当使用临时支、吊架时，不得直接焊在管子上，并应有明显标记”。

案例 4 焊缝表面焊瘤及药皮未进行清理

【问题描述】某公司承建的油田注水管线安装工程，焊缝表面焊瘤及药皮未进行清理。

【依据标准】SY/T 4122—2020《油田注水工程施工技术规范》。

【条款】5.5.1“焊缝及其周围应清除干净”。

案例5　焊接时在母材上引弧

【问题描述】某公司承建的站内工艺管线安装工程，焊接时在母材上引弧，导致母材损伤。

【依据标准】GB 50540—2009《石油天然气站内工艺管道工程施工规范》(2012年版)。

【条款】7.3.5“施焊时严禁在坡口以外的管壁上引弧，焊接地线与钢管应有可靠的连接方式，并应防止电弧擦伤母材”。

案例6　热煨弯管切割使用

【问题描述】某公司承建的采油站间集输管道安装工程，现场组对焊接完成的管线热煨弯管切割使用。

【依据标准】GB 50819—2013《油气田集输管道施工规范》。

【条款】8.1.1“热煨弯管不能切割使用”。

案例 7　焊接完成的焊口无标识

【问题描述】某公司承建的井到联合站集输管道安装工程，焊接完成的焊口未见明显标识。

【依据标准】GB 50819—2013《油气田集输管道施工规范》。

【条款】8.1.1“焊口应有标识，且应具有可追溯性”。

案例8　下沟管线悬空

【问题描述】某公司承建的站间集输管道安装工程，沟下大石块未清理，管线直接下沟卡在石头上导致悬空。

【依据标准】GB 50819—2013《油气田集输管道施工规范》。

【条款】12.1.2“在下沟前，应复查管沟深度，沟内不得有塌方、石块、积水、冰雪等有损防腐层的异物”。

案例9　打磨损伤母材

【问题描述】某公司承建的污水管道改造工程，现场焊接完的管线存在打磨擦伤母材现象。

【依据标准】GB 50236—2011《现场设备、工业管道焊接工程施工规范》。

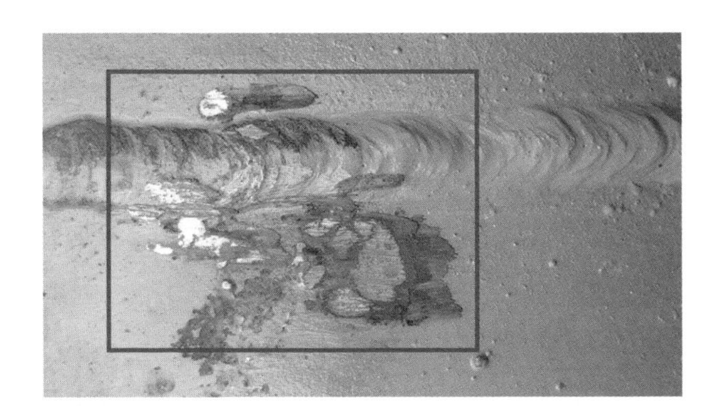

【条款】7.3.3“不得在坡口之外的母材表面引弧和试验电流，并应防止电弧擦伤母材”。

案例 10 工艺管线组装完成平直度超差

【问题描述】某公司承建的注水工艺管线工程，两管线组装完成后，一根管线发生倾斜，平直度允许偏差约 3mm（标准要求允许偏差为 1mm）。

【依据标准】SY/T 4122—2020《油田注水工程施工技术规范》。

【条款】5.3.5“管子对口时应使用钢板尺在距接口中心 200mm 处测量平直度，当管子直径小于 100mm 时，允许偏差应为 1mm”。

案例 11　未按焊接工艺规程要求对焊道进行焊前预热

【问题描述】某公司承建的注采气地面工程，现场施工人员在 L485Q 材质管道焊接时，未按焊接工艺规程要求对焊道进行焊前预热（焊接工艺规程要求该材质管道焊接前须进行预热不低于 100℃）。

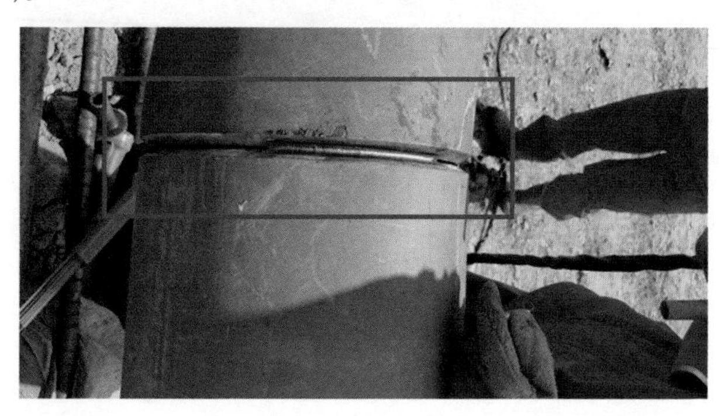

【依据标准】GB 50540—2009《石油天然气站内工艺管道工程施工规范》(2012 年版)。

【条款】7.3.3“有预热要求时，应根据焊接工艺规程规定的温度进行焊前预热”。

案例 12　管线转角过大未安装弯头

【问题描述】某公司承建的站间集输管道安装工程，集油管线转角处未加弯头，导致管线受应力弯曲变形。

【依据标准】GB 50819—2013《油气田集输管道施工规范》。

【条款】8.3.2“管道转角应符合设计要求。当设计无规定，且管道转角小于或等于 3° 时，宜采用弹性敷设；转角大于 3° 时，应采用弯头（管）连接”。

案例 13 法兰强力组对安装

【问题描述】某公司承建的站内管道安装工程，一体化脱水橇安全阀出口法兰与泄放管法兰强力组对。

【依据标准】GB 50540—2009《石油天然气站内工艺管道工程施工规范》(2012 年版)。

【条款】6.2.18“法兰连接时应保持平行，其允许偏差应小于法兰外径的 1.5%，且不大于 2mm”。

案例 14　管线开口位于焊缝位置

【问题描述】某公司承建的注水管道安装工程，聚合物取样口开孔位置位于焊缝上。

【依据标准】SY/T 4122—2020《油田注水工程施工技术规范》。

【条款】5.2.4“3　高压管道的焊缝及热影响区内严禁开孔”。

案例 15　螺栓露出螺母过长

【问题描述】某公司承建的站内工艺管道安装工程，鼓风机出口与管道连接的法兰配套螺栓拧紧后，两头均露出螺母 8～10 个螺距。

【依据标准】GB 50540—2009《石油天然气站内工艺管道工程施工规范》(2012 年版)。

【条款】6.2.21“法兰螺栓拧紧后应露出螺母以外 0～3 个螺距，螺纹不符合规定的应进行调整”。

案例 16　焊缝相邻焊层的接头位置集中

【问题描述】某公司承建的注气管道工程，1 道焊口进行多层焊时，相邻焊层的接头位置错开距离均小于 20mm。

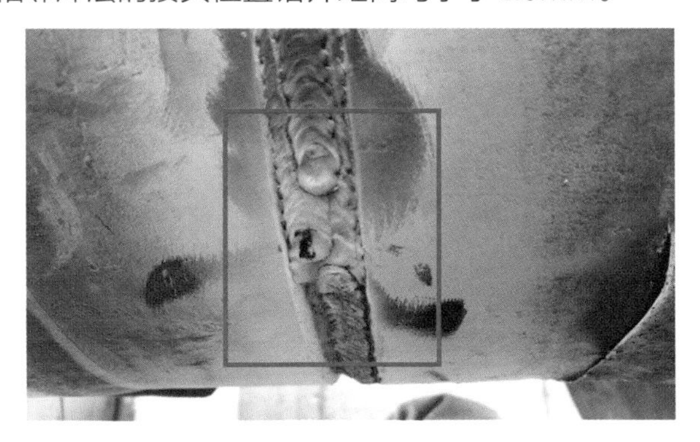

【依据标准】GB 50819—2013《油气田集输管道施工规范》。

【条款】9.2.2“采用多层焊时，相邻焊层的接头位置应错开 20mm～30mm”。

案例 17　焊接完的焊口无标识

【问题描述】某公司承建某联合站改造工程，焊接完的焊口无标识。

【依据标准】GB 50540—2009《石油天然气站内工艺管道工程施工规范》(2012 年版)。

【条款】7.3.15“完成焊口应做标记，使用记号笔或白色路标漆书写或喷涂方法在焊口下游 100mm 处以按照工艺分区、管道直径和壁厚进行标识，并在竣工轴测图上记录”。

案例 18　焊缝焊接时在母材上引弧损伤母材

【问题描述】某公司承建的炼化装置安装工程，对接焊缝焊接时在母材上引弧，造成一处深度约 5mm 的弧坑，烧伤母材。

【依据标准】GB 50236—2011《现场设备、工业管道焊接工程施工规范》。

【条款】7.3.3“不得在坡口之外的母材表面引弧和试验电流，并应防止电弧擦伤母材”。

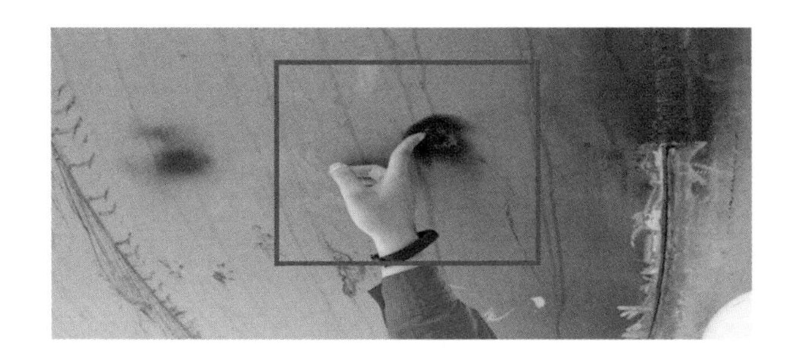

案例 19 对接焊缝表面余高超高

【问题描述】某公司承建的站场工艺安装工程，一道管线焊缝表面余高约 5mm（标准要求不应大于 3mm）。

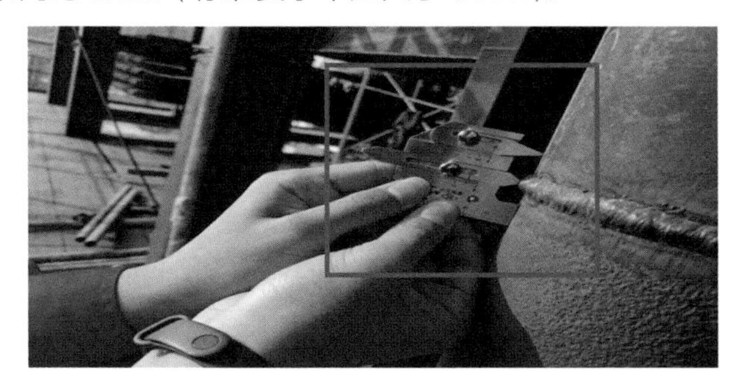

【依据标准】GB 50540—2009《石油天然气站内工艺管道工程施工规范》（2012 年版）。

【条款】7.4.1“4 对接焊缝表面余高应为 0mm～2mm，局部不应大于 3mm 且长度不应大于 50mm”。

案例 20 工卡具拆除后未清理残留焊疤、焊瘤

【问题描述】某公司承建的锅炉管道安装工程，一道对接焊缝的工卡具拆除后未清理残留焊疤、焊瘤。

【依据标准】GB 50236—2011《现场设备、工业管道焊接工程施工规范》。

【条款】7.3.2“5　定位焊缝应符合下列规定：拆除工卡具时不应损伤母材。拆除后应确认无裂纹并将残留焊疤打磨修整至与母材表面齐平”。

案例 21　钢制金属管道穿过楼板未加套管

【问题描述】某公司承建的大型场站建设工程，一处钢制金属管道穿过楼板未安装套管。

【依据标准】GB 50235—2010《工业金属管道工程施工规范》。

【条款】7.1.5“当工业金属管道穿越道路、墙体、楼板或构筑物时，应加设套管或砌筑涵洞进行保护”。

案例22 未按焊接工艺规程施焊

【问题描述】某公司承建的石油天然气站内工艺安装工程，一道焊口盖面补焊作业使用氩弧焊丝 ER50-6，未按焊接工艺规程要求采用焊条 E5015。

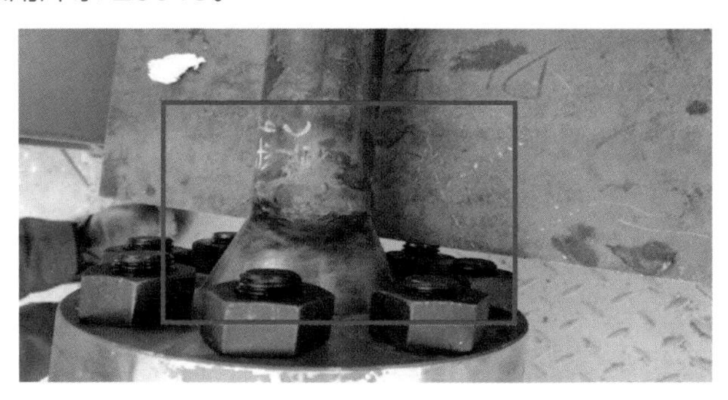

【依据标准】GB 50236—2011《现场设备、工业管道焊接工程施工规范》。

【条款】3.0.2“5 焊工应按规定的焊接工艺规程及焊接技术措施进行施焊，当工况条件不符合焊接工艺规程和焊接技术措施的要求时，应拒绝施焊”。

案例23 焊口咬边超标

【问题描述】某公司承建的输油管道工程，实测一道焊口咬边深度 1mm，咬边连续长度 100mm，且未清理表面飞溅。

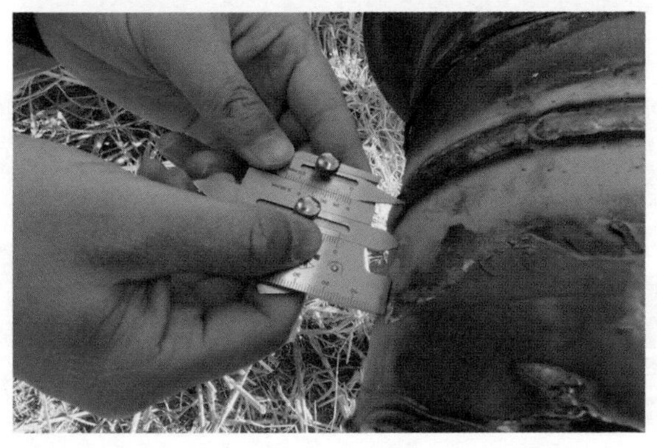

【依据标准】GB 50819—2013《油气田集输管道施工规范》。

【条款】9.5.1“1　焊缝表面不得有裂纹、气孔、凹陷、夹杂及融合型飞溅。”“4　咬边深度不应大于壁厚的 12.5%，且不应超过 0.5mm。在焊缝任何 300mm 连续长度中累计咬边深度不得大于 50mm”。

案例 24　焊缝表面低于母材

【问题描述】某公司承建的输油管道工程，一道焊缝的表面收弧处低于母材约 1mm。

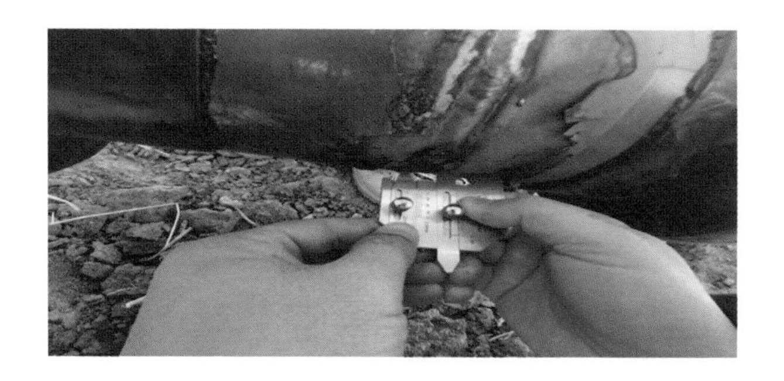

【依据标准】GB 50819—2013《油气田集输管道施工规范》。

【条款】9.5.1“3　焊缝表面不得低于母材”。

案例 25　试验压力表精度级别不满足规范要求

【问题描述】某公司承建的输油管道工程中，穿越管线单体试压使用的一块压力表精度为 1.6 级。

【依据标准】GB 50819—2013《油气田集输管道施工规范》。

【条款】13.1.9“试压用的压力表或压力记录仪、温度计应检定合格，并应在有限期内使用；压力表精度不低于 0.4 级，量程应为被测压力（最大值）的 1.5～2 倍”。

案例 26　管道组对前未清理

【问题描述】某公司承建的输油管道工程，一道焊缝组对前未清除管端内外 20mm 范围内油污、铁锈等，未露出金属光泽。

【依据标准】GB 50819—2013《油气田集输管道施工规范》。

【条款】8.3.1“管道组对前应清除钢管内的积水、泥土、石块等杂物。应将管端内外 20mm 范围内的油污、铁锈等清除，直至露出金属光泽”。

案例 27　管道用平焊法兰内侧焊道未施焊

【问题描述】某公司承建的新建站场管道工程，一处平焊法兰内侧未施焊。

【依据标准】GB 50235—2010《工业金属管道工程施工规范》。

【条款】6.0.7“1　平焊法兰与管子焊接时，其法兰内侧（法兰密封面侧）角焊缝的焊脚尺寸为直管名义厚度与6mm两者中较小值”。

案例28　焊缝处于管道支撑位置

【问题描述】某公司承建的大型站场改造工程，一处管道焊缝与管托焊接在一起。

【依据标准】GB 50540—2009《石油天然气站内工艺管道工程施工规范》(2012年版)。

【条款】6.2.10“2　管道对接焊缝距离支吊架应大于50mm，需要热处理的焊缝距离支吊架应大于300mm”。

案例29　焊口组对未使用对口器

【问题描述】某公司承建的输气管道工程，管口采用外对口器组对，根焊仅完成四个点位焊接，每个位置焊道长50mm，即撤掉对口器。

【依据标准】GB 50819—2013《油气田集输管道施工规范》。

【条款】8.3.7“当使用外对口器组对时，在撤出对口器之前，应至少完成 50% 的焊道长度，且根焊道应均布在管子圆周上”。

案例 30　管线焊接未加工坡口

【问题描述】某公司承建的油田注水管线更换工程，一道焊口未按要求加工坡口。

【依据标准】GB 50236—2011《现场设备、工业管道焊接工程施工规范》。

【条款】7.2.7“坡口型式和尺寸宜符合本规范附录C表C.0.1-1规定，壁厚3mm~9mm管线应加工V型坡口，坡口角度60°~65°”。

4.2 动静设备安装工程

本节选取了动静设备安装动态施工现场存在的设备垫铁安装不规范，静设备滑动端无法自由滑动、锁紧螺母未安装、储罐安装焊缝组对错变量超标、罐外壁补强板距离纵缝过近、补强板信号孔未开，设备配件管理混乱等19个典型质量隐患实例，这些质量隐患的存在，能够造成泵类设备运行振动异常或故障、储罐设备焊缝应力集中、储罐补强板无法进行气密性试验等危害，影响设备使用寿命。

案例1 泵类设备螺栓存在杂物

【问题描述】某公司承建的炼化装置工程，导热油循环泵底座固定螺栓与螺栓孔间的氧化皮等杂质未清理。

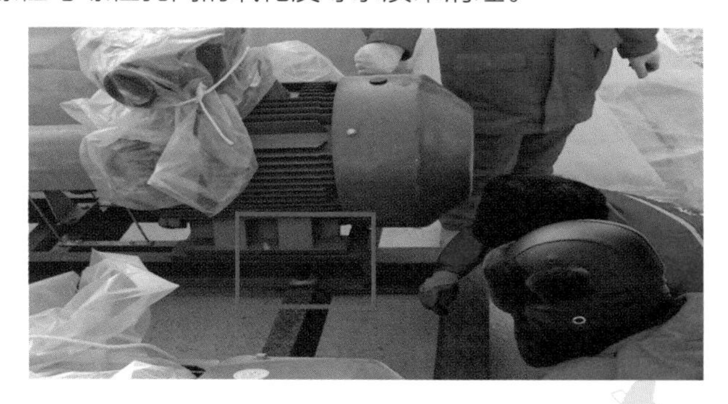

【依据标准】SY/T 4201.1—2019《石油天然气建设工程施工质量验收规范　设备安装工程　第 1 部分：机泵类设备》。

【条款】4.3.2“地脚螺栓上的油污和氧化皮应清除干净，螺纹部分应涂少量油脂”。

案例 2　卧式分离器滑动端无法自由滑动

【问题描述】某公司承建的联合站改造工程，一台卧式三相分离器滑动端使用水泥砂浆抹死，无法沿轴向自由滑动。

【依据标准】SY/T 4201.3—2019《石油天然气建设工程施工质量验收规范　设备安装工程　第 3 部分：容器类设备》。

【条款】4.1.6“卧式容器安装时，滑动端基础埋件应符合设计要求。活动支座底部与基础间滑动面应清理干净，涂上润滑剂，滑动端的限位螺栓拧紧后应将螺母拧松一螺距，保证容器能沿轴向自由滑动，然后再安装锁紧螺母，滑动端地脚螺栓位置宜处于支座长圆孔的中间偏向于补偿温度变化所引起的伸缩方向”。

案例 3 设备地脚螺栓未在预留孔洞中心

【问题描述】某公司承建的炼化装置工程，回转窑齿轮电机的地脚螺栓未在预留孔中心位置，紧贴预留孔壁。

【依据标准】GB 50231—2009《机械设备安装工程施工及验收通用规范》。

【条款】4.1.1“3 地脚螺栓任一部分与孔壁的间距不宜小于15mm”。

案例 4 设备垫铁安装不符合要求

【问题描述】某公司承建的大型场站地面工程，某橇装设备的一组垫铁中存在三块相邻斜垫铁。

【依据标准】SY/T 4201.3—2019《石油天然气建设工程施工质量验收规范 设备安装工程 第 3 部分：容器类设备》。

【条款】4.3.4“支柱式容器每组垫铁的块数不应超过 3 块，其他容器每组垫铁块数不应超过 5 块。斜垫铁下面应有平垫铁，斜垫铁应成对相向使用”。

案例5　换热器滑动端无法自由滑动

【问题描述】某公司承建的炼化装置工程，余热锅炉换热器滑动端使用垫铁支撑，未安装预埋钢板，无法进行自由滑动。

【依据标准】GB 50461—2008《石油化工静设备安装工程施工质量验收规范》。

【条款】4.1.4“卧式设备滑动端基础预埋板上应光滑平整，不得有挂渣、飞溅物”。

案例 6　设备底座灌浆后垫铁外漏

【问题描述】某公司承建的新建集输站工程，一台立式分离器设备底座灌浆后垫铁外漏，底板外边缘的灌浆层未处理。

【依据标准】SY/T 4201.3—2019《石油天然气建设工程施工质量验收规范　设备安装工程　第 3 部分：容器类设备》。

【条款】4.1.11“立式容器裙座内部灌浆面应与底座表面平齐，容器支座底板外边缘的灌浆层应压实抹光，表面应略有向外的坡度”。

案例 7　卧式加热炉地脚螺栓的螺母未安装垫圈和锁紧螺母

【问题描述】某公司承建的转油站改造工程，一处卧式加热炉地脚螺栓的螺母未安装垫圈和锁紧螺母，且未涂防锈油脂。

【依据标准】SY/T 4201.4—2019《石油天然气建设工程施工质量验收规范　设备安装工程　第 4 部分：炉类设备》。

【条款】7.3.1“3　地脚螺栓的螺母和垫圈齐全，锁紧螺母与螺母、螺母与垫圈、垫圈与设备底座间的接触良好。紧固后螺纹露出螺母不应少于 2 个螺距。螺纹外露部分应涂防锈脂”。

案例 8　立式圆筒沉降罐壁板环焊缝错边超标

【问题描述】某公司承建的储罐改造工程，1000m^3 立式圆筒沉降罐壁厚 8mm，第三节壁板与第四节壁板环焊缝局部错边量超标，实测值 3mm。

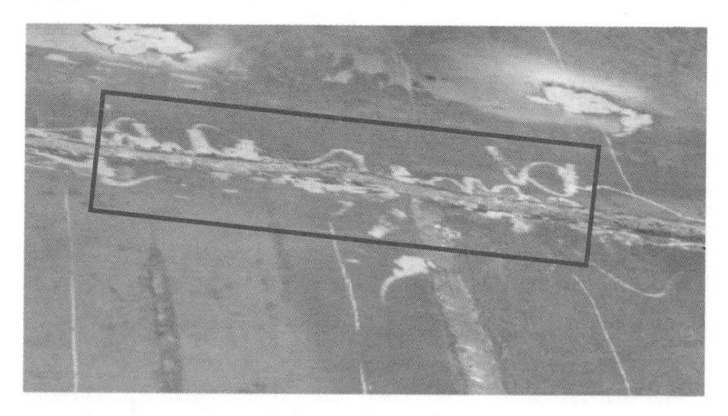

【依据标准】GB 50128—2014《立式圆筒形钢制焊接储罐施工规范》。

【条款】5.4.2“4　环向焊缝采用焊条电弧焊时，当上圈壁板厚度小于或等于8mm时，任何一点的错边量均不应大于1.5mm”。

案例9　设备不锈钢本体与碳钢底板直接接触

【问题描述】某公司承建的站内污水改造安装工程，内浮选机设备底板材质为不锈钢与增加的碳钢底板直接接触，未铺垫隔离层。

【依据标准】GB 50235—2010《工业金属管道工程施工规范》。

【条款】4.1.9“材质为不锈钢、有色金属的管道元件和材料不得与碳素钢、低合金钢接触”。

案例10　设备配件保护不到位

【问题描述】某公司承建的站内污水改造安装工程，现场设备配套螺栓、螺母、压力表等直接裸露放置，未加任何防护。

【依据标准】GB 50235—2010《工业金属管道工程施工规范》。

【条款】4.1.9“管道元件和材料在施工过程中应妥善保管，不得混淆或损坏”。

案例 11　罐内壁表面上焊疤未打磨平滑

【问题描述】某公司承建的储罐制造安装工程，罐内壁钢管表面上存在焊疤未打磨平滑问题。

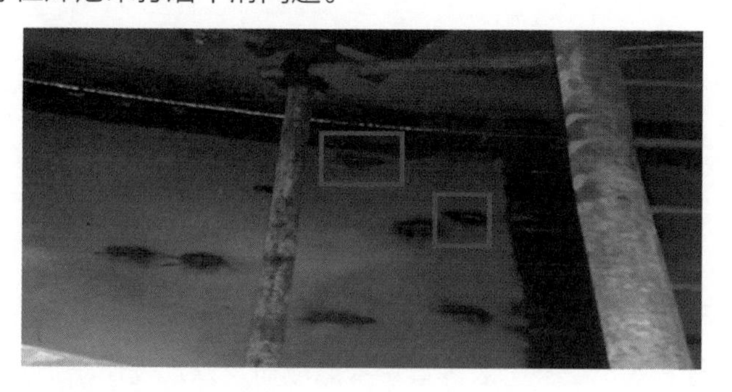

【依据标准】GB 50128—2014《立式圆筒形钢制焊接储罐施工规范》。

【条款】5.1.2“拆除组装工卡具时，不得损伤母材，钢管表面的焊疤应打磨平滑”。

案例 12　垫板周边的焊缝与罐壁纵向焊缝间距不足

【问题描述】某公司承建的储罐制造安装工程，顶圈壁板处连接件的垫板焊缝与罐壁纵向焊缝之间的距离小于 150mm。

【依据标准】GB 50128—2014《立式圆筒形钢制焊接储罐施工规范》。

【条款】4.2.1“4　罐壁上连接件的垫板周边焊缝与罐壁纵焊缝或接管、补强板的边缘角焊缝之间距离，不应小于 150mm”。

案例 13　罐壁的拼接补强板处没有信号孔

【问题描述】某公司承建的储罐制造安装工程，罐壁上拼接补强板上未见信号孔。

【依据标准】GB 50128—2014《立式圆筒形钢制焊接储罐施工规范》。

【条款】4.4.4“4　补强板应有信号孔，整块钢板制造的补强板有一个信号孔；拼接补强板时，每一拼接段上应有 1 个信号孔”。

案例 14　罐底搭接接头的三层钢板重叠部位未将上层底板切角

【问题描述】某公司承建的储罐制造安装工程，罐底搭接接头的三层钢板重叠部位，未将上层底板切角，直接进行焊接。

【依据标准】GB 50128—2014《立式圆筒形钢制焊接储罐施工规范》。

【条款】5.3.4“搭接接头的三层钢板重叠部分，应将上层底板切角，切角长度应为搭接宽度的 2 倍，切角宽度应为搭接宽度的 2/3”。

案例 15　容器类设备垫铁数量超标

【问题描述】某公司承建的某天然气站场工程，橇装设备一组垫铁数量为六块（超过标准要求五块）。

【依据标准】SY/T 4201.3—2019《石油天然气建设工程施工质量验收规范　设备安装工程　第 3 部分：容器类设备》。

【条款】4.3.4“支柱式容器每组垫铁的块数不应超过 3 块，其他容器每组垫铁块数不应超过 5 块。斜垫铁下面应有平垫铁，斜垫铁应成对相向使用”。

案例 16　换热类设备二次灌浆质量不合格

【问题描述】某公司承建的柴油加氢区改造工程，精制柴油—热水换热器基础二次灌浆存在裂纹和缝隙。

【依据标准】SY/T 4201.3—2019《石油天然气建设工程施工质量验收规范　设备安装工程　第 3 部分：容器类设备》。

【条款】4.3.7“容器基础抹面应平整、光滑，高度应略低于容器底座下表面”。

案例 17　抽油机直梯没有安装防护笼

【问题描述】某公司承建的抽油机安装工程，抽油机直梯超过 3m 没有配套安装防护笼。

【依据标准】GB 4053.1—2009《固定式钢梯及平台安全要求　第 1 部分：钢直梯》。

【条款】5.3.2“梯段高度大于 3m 时宜设置安全护笼”。

案例 18 立式设备垂直度超差

【问题描述】某公司承建的空分空压站改造工程，立式分离器垂直度铅垂线测量，上部读数 60mm，下部读数 53mm，设备高度 1.39m，垂直度超差。

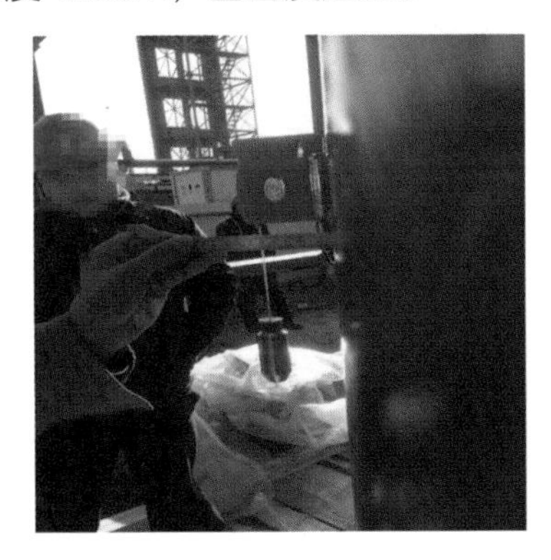
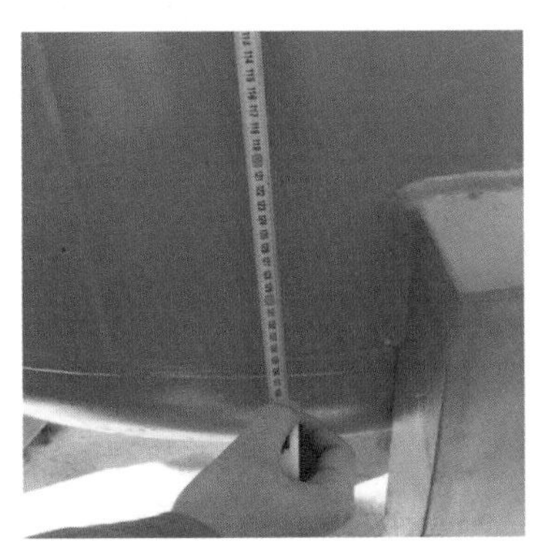

【依据标准】GB 50461—2008《石油化工静设备安装工程施工质量验收规范》。

【条款】4.4.1“立式设备安装垂直度允许偏差为 $H/1000$，H 为立式设备两端部测点间的距离”。

案例 19 加热炉附件未按设计要求安装

【问题描述】某公司承建的井口工艺安装工程，设计要求加热炉加水口安装钢制漏斗，放空口安装弯头，但实际未安装。

【依据标准】SY/T 0404—2016《加热炉安装工程施工规范》。

【条款】4.10.1“炉体附件的安装之前应检查其组装质量和外形尺寸，并应符合设计文件的规定”。

4.3 仪表安装工程

本节选取了油田地面建设工程中仪表安装动态施工现场存在的仪表本体及仪表盘柜接线不规范、防爆仪表安装不规范、仪表外壳未接地等 6 个典型质量隐患实例，这些质量隐患的存在，能够导致触电、爆炸等危害。

案例 1　仪表备用线芯未接在备用端子上

【问题描述】某公司承建的某采油厂仪表安装工程，压力变送器后盖内备用线芯用胶布缠绕处理，未接在备用端子上。

【依据标准】GB 50093—2013《自动化仪表工程施工及质量验收规范》。

【条款】7.6.9“备用线芯应接在备用端子上”。

案例 2 防爆仪表铭牌无 Ex 防爆标志及防爆合格证编号

【问题描述】某公司承建的某采油厂仪表安装工程，防爆压变铭牌上只有防爆型式等级，无 Ex 防爆标志及防爆合格证编号。

【依据标准】GB 50093—2013《自动化仪表工程施工及质量验收规范》。

【条款】10.1.2“防爆设备必须有铭牌和防爆标识，并应在铭牌上标明国家授权的机构颁发的防爆合格证编号”。

案例 3　可燃气体探测器进线不规范

【问题描述】某公司承建的某采油厂仪表安装工程，可燃气体探测器进线口短接与挠性管连接处脱落，螺纹处用绝缘胶带缠绕。

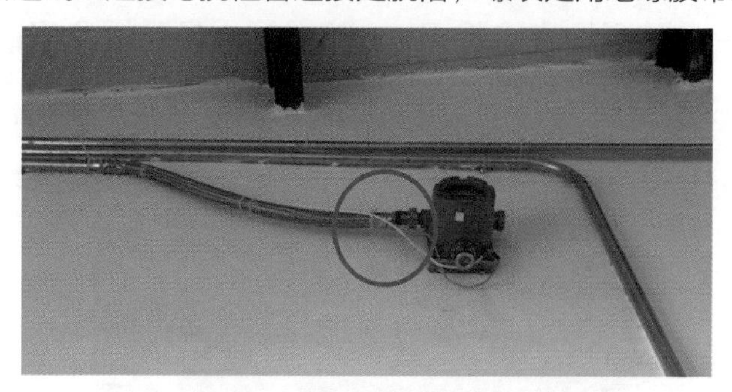

【依据标准】GB 50093—2013《自动化仪表工程施工及质量验收规范》。

【条款】10.1.6“安装在爆炸危险区域的电缆导管应符合下列要求：1　电缆导管之间及电缆导管与接线箱（盒）、穿线盒之间，应采用螺纹连接，螺纹有效啮合部分不应少于 5 扣，螺纹处应涂电力复合脂，不得使用麻、绝缘胶带、涂料等，并应用锁紧螺母锁紧，连接处应保证良好的电气连续性”。

案例 4　仪表盘柜接线不规范

【问题描述】某公司承建的某采油厂仪表安装工程，PLC 机柜内电缆备用线芯未接在备用端子上。

【依据标准】GB 50093—2013《自动化仪表工程施工及质量验收规范》。

【条款】7.6.9“备用芯线应接在备用端子上”。

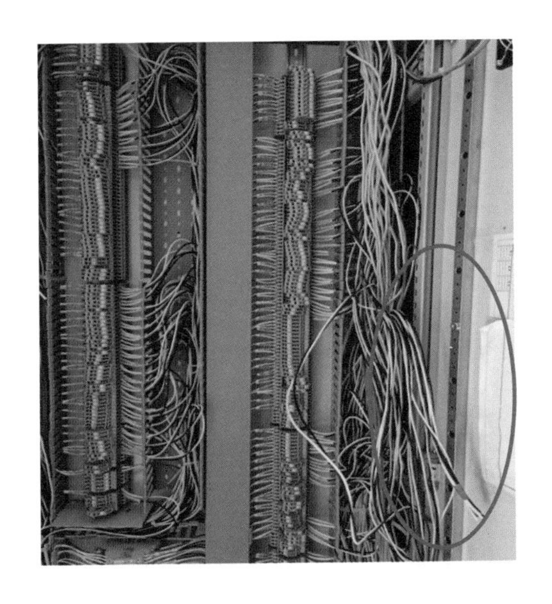

案例5 仪表进线端防爆格兰头尺寸与电缆外径不匹配

【问题描述】某公司承建的某污水处理系统改造工程，高级氧化装置间臭氧浓度检测仪进线端防爆格兰头尺寸与电缆不匹配，电缆外保护套未穿入防爆格兰头内密封。

【依据标准】GB 50093—2013《自动化仪表工程施工及质量验收规范》。

【条款】10.1.3“当防爆仪表和电气设备引入电缆时，应采用防爆密封圈密封或用密封填料进行封固”。

案例6　仪表接地安装不规范

【问题描述】某公司承建的某井场仪表安装工程，电加热装置外壳未接地。

【依据标准】GB 50093—2013《自动化仪表工程施工及质量验收规范》。

【条款】10.2.1“供电电压高于36V的现场仪表的外壳，仪表盘、柜、箱、支架、底座等正常不带电的金属部分，均应做保护接地”。

4.4　电气安装工程

本节选取了油田地面建设中电气安装动态施工现场存在的电缆保护管的管口未封堵、电缆敷设回填土内有大石块、防爆电气安装不规范、接地搭接长度不足及焊接处未防腐、盘柜基础未接地等 30 个典型质量隐患实例，这些质量隐患的存在，容易导致触电、雷击、爆炸、倒杆等危害。

案例 1　伴热带防爆电源接线盒铭牌标识上没有防爆合格证号

【问题描述】某公司承建的某采油厂电气安装工程，伴热带防爆电源接线盒铭牌标识上没有防爆合格证号。

【依据标准】GB 50257—2014《电气装置安装工程　爆炸和火灾危险环境电气装置施工及验收规范》。

【条款】3.0.4“4　防爆电气设备的铭牌中，应标有国家检验单位颁发的防爆合格证号”。

案例 2　防爆箱进线口处无密封夹紧元件

【问题描述】某公司承建的某井场电气安装工程，防爆箱外一根信号线在防爆箱进线口处无密封夹紧元件。

【依据标准】GB 50257—2014《电气装置安装工程　爆炸和火灾危险环境电气装置施工及验收规范》。

【条款】4.1.4“防爆电气设备的进线口与电缆、导线引入连接后，应保持电缆引入装置的完整性和弹性密封圈的密封性，并应将压紧元件用工具拧紧，且进线口应保持密封”。

案例3 电器支架未采取防锈蚀措施

【问题描述】某公司承建的某井场电气安装工程，配电箱角钢支架焊接处未采取防锈蚀措施。

【依据标准】GB 50171—2012《电气装置安装工程 盘、柜及二次回路接线施工及验收规范》。

【条款】4.0.9“盘、柜的漆层应完整，并应无损伤；固定电器的支架等应采取防锈蚀措施”。

案例 4　配电柜内电缆排列混乱

【问题描述】某公司承建的某井场电气安装工程，配电柜内电缆排列混乱，编号不清晰。

【依据标准】GB 50171—2012《电气装置安装工程　盘、柜及二次回路接线施工及验收规范》。

【条款】6.0.4“引入盘、柜内的电缆及其芯线应符合下列规定：2　电缆应排列整齐、编号清晰、避免交叉、固定牢固、不得使所接的端子承受机械应力”。

案例 5　镀锌扁钢焊接处未防腐

【问题描述】某公司承建的某井场电气安装工程，镀锌扁钢焊接处均未防腐。

【依据标准】GB 50169—2016《电气装置安装工程　接地装置施工及验收规范》。

【条款】4.3.3“热镀锌钢材焊接时，在焊痕外最小 100mm 范围内应采取可靠的防腐处理”。

案例 6　低压柜与基础槽钢存在尺寸偏差

【问题描述】某公司承建的某变电所电气安装工程，低压配电柜与基础槽钢尺寸偏差约 40mm。

【依据标准】GB 50171—2012《电气装置安装工程 盘、柜及二次回路接线施工及验收规范》。

【条款】4.0.1“基础型钢应按设计图纸或设备尺寸制作，其尺寸应与盘、柜相符，允许偏差应符合表 4.0.1。位置偏差全长不大于 5mm”。

案例 7 蓄电池间电缆保护管穿墙处未密封

【问题描述】某公司承建的某储气库电气安装工程，蓄电池间电缆保护管穿墙处未密封。

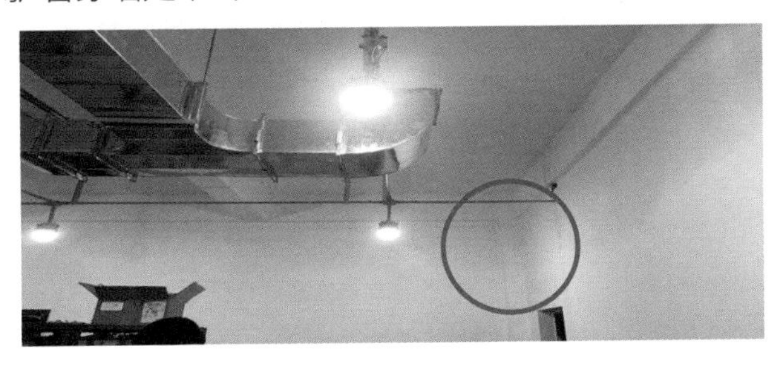

【依据标准】GB 50257—2014《电气装置安装工程 爆炸和火灾危险环境 电气装置施工及验收规范》。

【条款】5.3.4“在爆炸性环境 1 区、2 区、20 区、21 区和 22 区的钢管配线，应做好隔离密封，并应符合下列规定：3 管路通过与其他任何场所相邻的隔墙时，应在隔墙的任一侧装设横向式隔离密封件”。

案例 8 电缆保护管管口未处理

【问题描述】某公司承建的某储气库电气安装工程检查中发现，防爆箱下电缆保护管埋地部分管口未做喇叭口或管口内侧未打磨。

【依据标准】GB 50168—2018《电气装置安装工程　电缆线路施工及验收标准》。

【条款】5.1.2“电缆管的加工应符合下列规定：1　管口应无毛刺和尖锐棱角”。

案例 9　电缆直埋敷设上方有石块

【问题描述】某公司承建的某储气库电气安装工程检查中发现，去往火炬东西走向管廊带个别防爆箱下电缆出桥架直埋部分电缆上有尖锐大石块。

【依据标准】GB 50168—2018《电气装置安装工程　电缆线路施工及验收标准》。

【条款】6.2.6“直埋电缆上下部应铺不小于 100mm 厚的软土砂层，并应加盖保护板，其覆盖宽度应超过电缆两侧各 50mm，保护板可采用混凝土盖板或砖块。软土或砂子中不应有石块或其他硬质杂物”。

案例 10 桥架内电缆敷设未固定

【问题描述】某公司承建的某储气库电气安装工程检查中发现，垂直敷设在桥架内的电缆未进行绑扎固定。

【依据标准】GB 50168—2018《电气装置安装工程　电缆线路施工及验收标准》。

【条款】6.1.19“电缆固定应符合下列规定：1　下列部位的电缆应固定牢固：1）垂直敷设或超过 30° 倾斜敷设的电缆在每个支架上应固定牢固”。

案例 11　防爆电气外壳未接地

【问题描述】某公司承建的某储气库电气安装工程检查中发现，橇装设备自带防爆电机、防爆箱、仪表外壳均未接地。

【依据标准】GB 50257—2014《电气装置安装工程　爆炸和火灾危险环境电气装置施工及验收规范》。

【条款】7.1.1“在爆炸危险环境的电气设备的金属外壳、金属构架、安装在已接地金属结构上的设备、金属配线管及其配件、电缆保护管、电缆的金属护套等非带电的裸露金属部分，均应接地”。

案例 12 防爆电气设备接线盒备用接线口用塑料堵件封堵

【问题描述】某公司承建的某储气库电气安装工程检查中发现，导热油橇装设备自带防爆接线盒备用接线口用塑料堵件封堵。

【依据标准】GB 50257—2014《电气装置安装工程 爆炸和火灾危险环境电气装置施工及验收规范》。

【条款】5.3.8“电气设备、接线盒和端子箱上多余的孔，应采用丝堵堵塞严密。当孔内垫有弹性密封圈时，弹性密封圈的外侧应设钢制封堵件，钢制封堵件应经压盘或螺母压紧”。

案例 13 电源线穿入防爆箱提前分线

【问题描述】某公司承建的某储气库电气安装工程检查中发现，高杆灯内防爆箱电源电缆穿入防爆箱提前分线，起不到密封防爆作用。

【依据标准】GB 50257—2014《电气装置安装工程 爆炸和火灾危险环境电气装置施工及验收规范》。

【条款】5.2.3“防爆电气设备、接线盒的进线口，引入电缆后的密封应符合下列规定：1　当电缆外护套穿过弹性密封圈或密封填料时，应被弹性密封圈挤紧或被密封填料封固。”

“3　电缆引入装置或设备进线口的密封，应符合下列规定：2）被密封的电缆断面，应近似圆形”。

案例 14　防爆场所电缆保护管连接错误

【问题描述】某公司承建的某储气库电气安装工程检查中发现，防爆区个别电缆保护管连接采用套管焊接，未采用螺纹连接。

【依据标准】GB 50257—2014《电气装置安装工程　爆炸和火灾危险环境　电气装置施工及验收规范》。

【条款】5.3.2“钢管与钢管、钢管与电气设备、钢管与钢管附件之间的连接，应采用螺纹连接，不得采用套管焊接”。

案例 15　防爆隔离密封盒本体与铭牌标识不一致

【问题描述】某公司承建的某阀室电气安装工程检查中发现，个别防爆密封盒本体防爆标志为 Exd 隔爆型，铭牌防爆标志为 Exe 增安型。

【依据标准】GB 50257—2014《电气装置安装工程 爆炸和火灾危险环境 电气装置施工及验收规范》。

【条款】4.2.1“隔爆型电气设备在安装前，应进行下列检查：1 设备的型号、规格应符合设计要求，铭牌及防爆标志应正确、清晰”。

案例16 防爆设备失爆

【问题描述】某公司承建的某阀室电气安装工程检查中发现，防爆隔离密封盒存在表面裂纹、损伤现象。

【依据标准】GB 50257—2014《电气装置安装工程 爆炸和火灾危险环境 电气装置施工及验收规范》。

【条款】4.2.1“隔爆型电气设备在安装前，应进行下列检查：2 设备的外壳应无裂纹、损伤”。

案例17 防爆场所钢管连接穿线盒处未跨接

【问题描述】某公司承建的某井站电气安装工程检查中发现，计量间钢管连接穿线盒处未进行跨接。

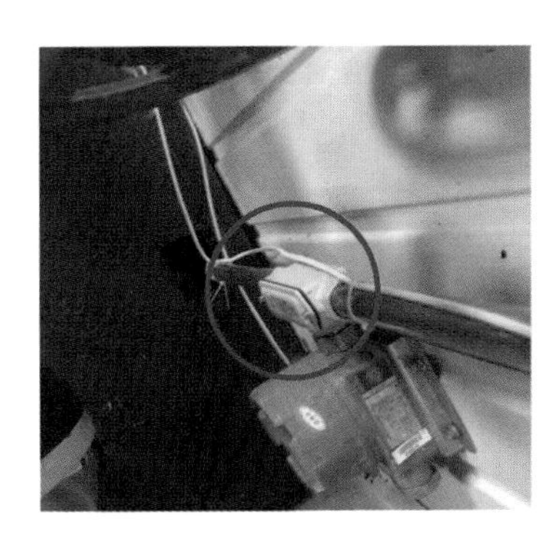
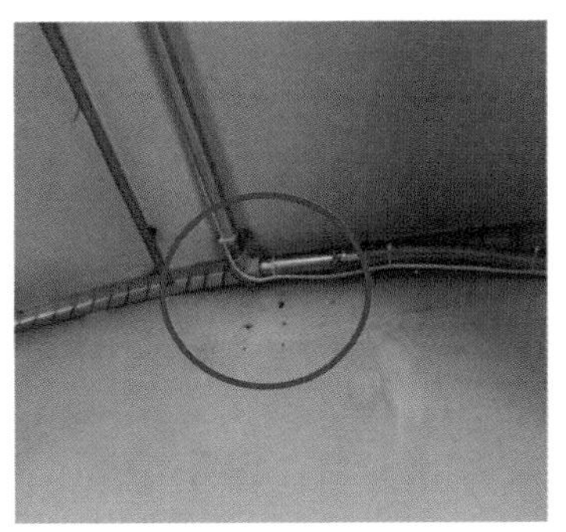

【依据标准】GB 50257—2014《电气装置安装工程 爆炸和火灾危险环境 电气装置施工及验收规范》。

【条款】5.3.2“1 钢管与钢管、钢管与电气设备、钢管与钢管附件之间应采用跨线连接，并应保证良好的电气通路”。

案例 18 接地安装施工程序错误

【问题描述】某公司承建的某公园内电气安装工程检查中发现，灯杆已安装完成，无接地装置。

【依据标准】GB 50169—2016《电气装置安装工程　接地装置施工及验收规范》。

【条款】4.6.5“接闪器及其接地装置，应采取自下而上的施工程序。应先安装集中接地装置，再安装接地线，最后安装接闪器”。

案例 19　盘柜电缆引入后未固定，长度无余量

【问题描述】某公司承建的某井站电气安装工程检查中发现，配电柜内个别电缆引入后未固定，长度无余量。

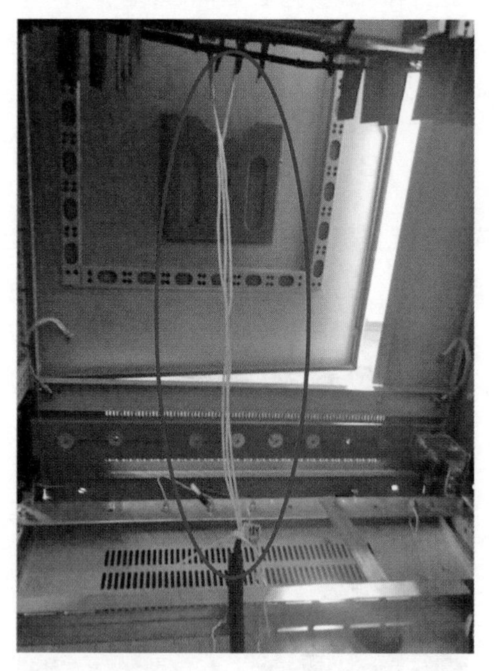

【依据标准】GB 50171—2012《电气装置安装工程　盘、柜及二次回路接线施工及验收规范》。

【条款】6.0.4“6　引入盘、柜内的电缆及其芯线应符合下列规定：盘、柜内的电缆芯线接线应牢固、排列整齐，并应留有适当裕度”。

案例 20　配电箱内导线与电气元件连接松动

【问题描述】某公司承建的某井站电气安装工程检查中发现，配电箱内导线与电气元件连接松动。

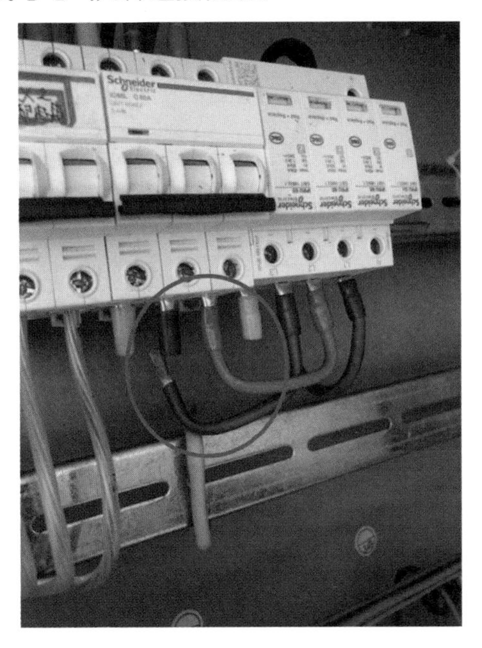

【依据标准】GB 50171—2012《电气装置安装工程　盘、柜及二次回路接线施工及验收规范》。

【条款】6.0.1“2　导线与电气元件间应采用螺栓连接、插接、焊接或压接等，且均应牢固可靠”。

案例21　接地圆钢未双面焊接

【问题描述】某公司承建的某变电所电气安装工程检查中发现，电缆沟内接地圆钢单面焊接。

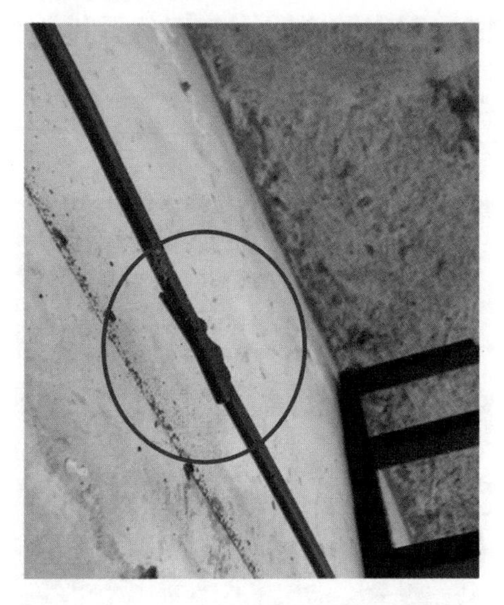

【依据标准】GB 50303—2015《建筑电气工程施工质量验收规范》。

【条款】22.2.2“接地装置的焊接应采用搭接焊，除埋设在混凝土中的焊接接头外，应采取防腐措施，焊接搭接长度应符合下列规定：2　圆钢与圆钢搭接不应小于圆钢直径的6倍，且应双面施焊”。

案例22　接地扁钢搭接焊接长度不足

【问题描述】某公司承建的某变电所电气安装工程检查中发现，40×4接地镀锌扁钢与角钢接地极焊接搭接长度为50mm，不满足扁钢宽度的2倍。

【依据标准】GB 50169—2016《电气装置安装工程　接地装置施工及验收规范》。

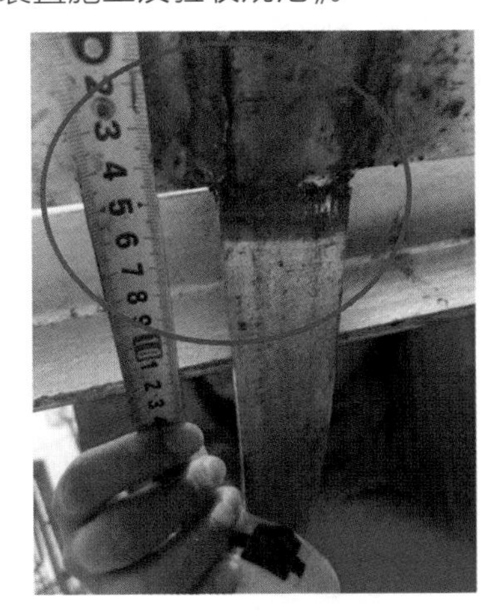

【条款】4.3.4“接地线、接地极采用电弧焊连接时应采用搭接焊缝，其搭接长度应符合下列规定：1　扁钢应为其宽度的2倍且不得少于3个棱边焊接”。

案例23　配电箱门跨接线截面积不足，且连接松动

【问题描述】某公司承建的某变电所电气安装工程检查中发现，桁吊电源箱箱门跨接线为2.5mm^2，且连接松动。

【依据标准】GB 50171—2012《电气装置安装工程　盘、柜及二次回路接线施工及验收规范》。

【条款】7.0.5“装有电器的可开启的门应采用截面积不小于4mm^{2}且端部压接有终端附件的多股软铜导线与接地的金属构架可靠连接”。

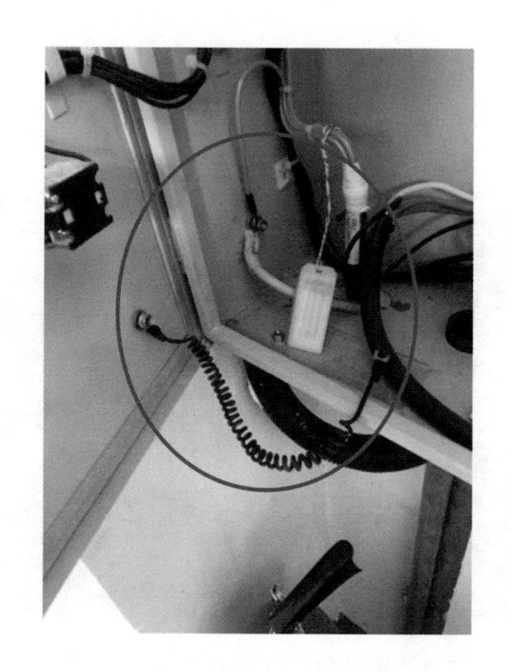

案例 24　配电柜内电流互感器未固定

【问题描述】某公司承建的某变电所电气安装工程检查中发现，配电柜内电流互感器未固定。

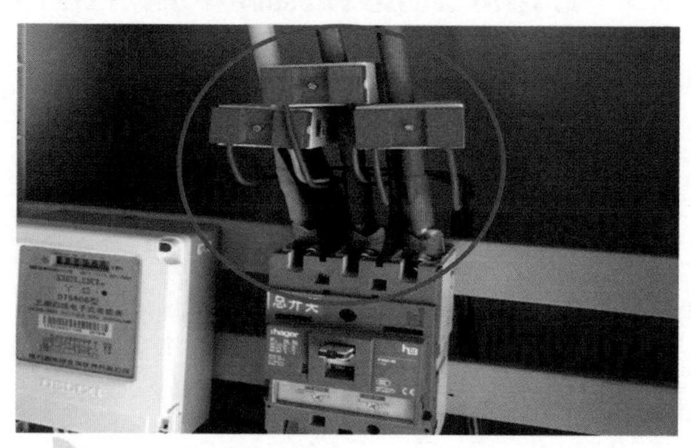

【依据标准】GB 50171—2012《电气装置安装工程 盘、柜及二次回路接线施工及验收规范》。

【条款】5.0.1“盘、柜上的电器安装应符合下列规定：1 电器元件固定应牢固”。

案例 25 防爆操作柱外壳串联接地

【问题描述】某公司承建的某处理站电气安装工程检查中发现，防爆操作柱外壳串联接地。

【依据标准】GB 50257—2014《电气装置安装工程 爆炸和火灾危险环境电气装置施工及验收规范》。

【条款】7.1.6“电气设备及灯具的专用接地线，应单独与接地干线（网）相连，电气线路中的工作零线不得作为保护接地线用”。

案例 26 引入配电柜电缆备用芯连接不符合要求

【问题描述】某公司承建的某井站电气安装工程检查中发现，引入配电柜电缆备用芯缠绕在电缆本体，无备用标识，芯线外露无绝缘措施。

【依据标准】GB 50171—2012《电气装置安装工程　盘、柜及二次回路接线施工及验收规范》。

【条款】6.0.4“引入盘、柜内的电缆及其芯线应符合下列规定：6　备用芯线应引至盘、柜顶部或线槽末端，并应标明备用标识，芯线导体不得外露”。

案例27　多芯铜芯线连接错误

【问题描述】某公司承建的某车库电气安装工程检查中发现，1.5mm^{2}多芯铜芯线未接续端子、未搪锡，直接接在接线端子上。

【依据标准】GB 50303—2015《建筑电气工程施工质量验收规范》。

【条款】17.2.2“2　截面积在2.5mm^{2}及以下的多芯铜芯线应接续端子或拧紧搪锡后再与设备或器具的端子连接”。

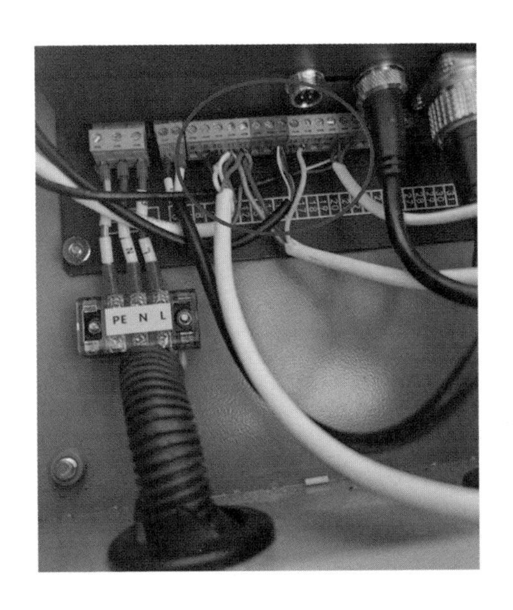

案例 28　母线无标识颜色

【问题描述】某公司承建的某井场电气安装工程检查中发现，配电柜母线无标识颜色。

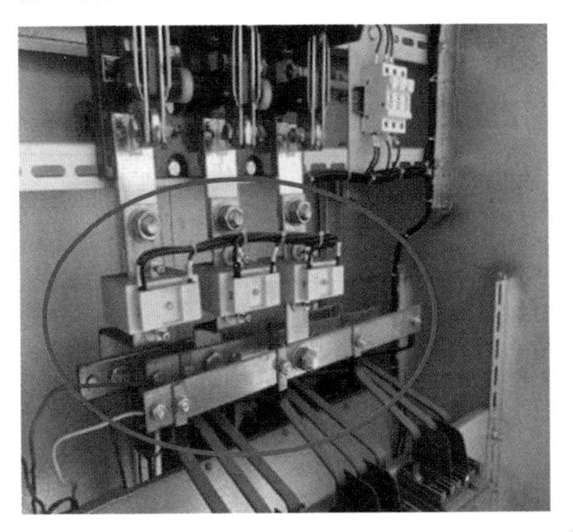

【依据标准】GB 50149—2010《电气装置安装工程　母线装置施工及验收规范》。

【条款】3.1.10“母线标识颜色应符合下列规定：1　三相交流母线，A 相应为黄色，B 相应为绿色，C 相应为红色”。

案例 29　铁塔塔脚板与基础面存在空隙

【问题描述】某公司承建的某外电线路安装工程检查中发现，个别铁塔塔脚板与基础面存在空隙。

【依据标准】GB 50173—2014《电气装置安装工程　66kV 及以下架空电力线路施工及验收规范》。

【条款】7.2.3“铁塔组立后，塔脚板应与基础面接触良好，有空隙时应垫铁片，并应浇筑水泥砂浆”。

案例 30　电杆组立顶倾斜偏差超标

【问题描述】某公司承建的某外电线路安装工程检查中发现，2 基 12m 电杆杆顶倾斜偏差为杆顶直径的 1 倍。

【依据标准】GB 50173—2014《电气装置安装工程　66kV 及以下架空电力线路施工及验收规范》。

【条款】7.3.6“单电杆立好后应正直，位置偏差应符合下列规定：2　直线杆的倾斜，10kV 及以下架空电力线路杆顶的倾斜不应大于杆顶直径的 1/2”。

4.5 防腐绝热工程

本节选取了油田地面建设工程中防腐绝热动态施工现场存在的刷漆不均匀、补口不规范、保温不合格等 15 个典型质量隐患实例，这些质量隐患的存在，能够造成腐蚀、泄漏、烫伤、火灾、爆炸等危害。

案例 1　管道保温前底部未进行防腐刷漆

【问题描述】某公司承建的站内工艺管线安装工程，保温管道底部未进行防腐刷漆，直接进行保温。

【依据标准】GB 50540—2009《石油天然气站内工艺管道工程施工规范》（2012 年版）。

【条款】10.3.1“保温应在钢管表面质量检查及防腐合格后进行”。

案例 2　劳动保护钢管未除锈直接刷漆

【问题描述】某公司承建的站内工艺管线安装工程，劳动保护钢管未按技术要求除锈，直接进行涂刷底漆。

【依据标准】SY/T 7036—2016《石油天然气站场管道及设备外防腐层技术规范》。

【条款】4.2.2“管道及设备表面处理应符合以下要求：表面处理前应对管道及设备表面的浮锈、油脂、污物和积垢等进行清除”。

案例3 热收缩带防腐补口翘边

【问题描述】某公司承建的集输管线安装工程，防腐补口热收缩带黏结力不够，热收缩带表面存在翘边现象。

【依据标准】GB/T 23257—2017《埋地钢制管道聚乙烯防腐层》。

【条款】9.4“补口的外观应逐个目视检查，热收缩带（套）表面应平整、无皱折、无气泡、无空鼓、无烧焦炭化等现象”。

案例4 新井管线防腐刷漆不均匀

【问题描述】某公司承建的站内工艺管线安装工程，井口管线刷漆后，漆层表面不平整、鼓泡。

【依据标准】SY/T 7036—2016《石油天然气站场管道及设备外防腐层技术规范》。

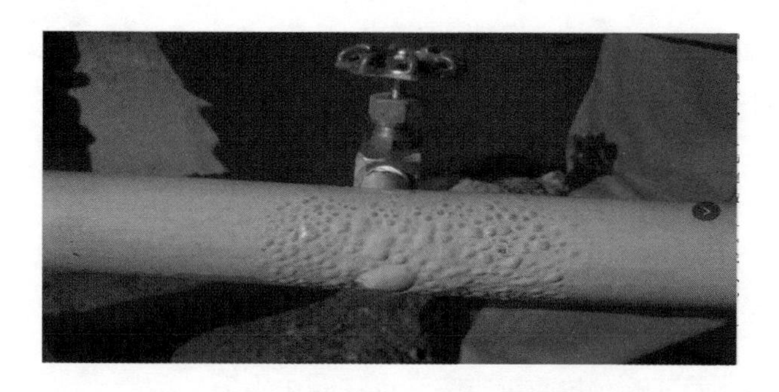

【条款】4.3.4“涂敷完成后，所有涂敷表面应平整、光滑、不应有流挂、漏涂、鼓泡、龟裂、发黏等缺陷存在”。

案例5　保温层厚度不均匀

【问题描述】某公司承建的站内工艺管线安装工程，现场发泡防腐保温层厚度不均匀，导致保温层与现场管线存在偏心缺陷。

【依据标准】GB 50540—2009《石油天然气站内工艺管道施工规范》(2012年版)。

【条款】10.3.8“泡沫保温层厚度应均匀，表面应光滑无开裂”。

案例 6　埋地管道未做防腐补口直接埋地

【问题描述】某公司承建的油田集输工艺管线安装工程，站外工艺管线施工出现补口处只刷底漆未保温即回填。

【依据标准】SY 4204—2019《石油天然气建设工程施工质量验收规范　油气田集输管道工程》。

【条款】7.1.1“管道防腐层补伤应在埋地管道回填前完成”。

案例 7　操作不当导致防腐层损伤

【问题描述】某公司承建的油田集输工艺管线安装工程，个别管段因吊装布管不当，导致 3PE 防腐管防腐层存在多处破损。

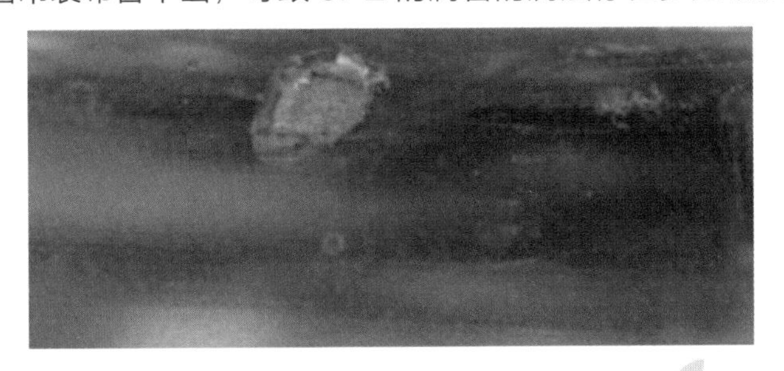

【依据标准】GB 50819—2013《油气田集输管道施工规范》。

【条款】7.1.1“钢管装卸应使用不损伤管口的专用吊具。弯管应采取吊带装卸，不得损伤防腐层”。

案例8 未按设计选用防腐保温材料

【问题描述】某公司承建的油田站内管道改造工程，施工单位未按设计要求采用软质硅酸盐保温材料，现场使用聚氨酯硬质管壳保温材料。

【依据标准】GB 50185—2019《工业设备及管道绝热工程施工质量验收规范》。

【条款】4.2.1“绝热材料及其制品的材质、规格和性能应符合设计要求或相关产品标准的规定”。

案例9 补口作业未按规程操作导致黄夹克存在缺陷

【问题描述】某公司承建的输油集输管道工程，施工人员补口作业未采取挡风措施，火焰吹偏，造成黄夹克层烤焦、空鼓、皱纹等缺陷。

【依据标准】GB/T 50538—2010《埋地钢质管道防腐保温层技术标准》。

【条款】8.2.1“补口补伤处外观应无烤焦、空鼓、皱纹、咬边缺陷，接口处应有少量胶均匀溢出，检验合格后应在补口补伤处做出标记”。

案例 10　管线金属保护层环向搭接处未压出凸筋

【问题描述】某公司承建的注气管道隐患整改工程，管线金属保护层环向搭接处存在 1 处未压出凸筋现象。

【依据标准】GB 50126—2008《工业设备及管道绝热工程施工规范》。

【条款】7.1.2“护壳环向及纵向搭接一边应压出凸筋”。

案例 11 焊口未按要求涂刷防腐漆

【问题描述】某公司承建的某油田注水管道工程，地面不保温管道焊口处仅涂一遍绿色面漆，未刷底漆、中间漆。

【依据标准】GB 50726—2011《工业设备及管道防腐蚀工程施工规范》。

【条款】“防腐蚀涂料品种的选用、涂层的层数和厚度应符合设计规定”。

案例 12 保温管线的金属保护层纵向接缝设置错误

【问题描述】某公司承建的某石油天然气站场工程，地上保温管线的金属保护层纵向接缝均设置在管道正上方。

【依据标准】GB 50185—2019《工业设备及管道绝热工程

施工质量验收规范》。

【条款】8.1.9“管道金属保护层的纵向接缝应与管道轴线保持平行，应整齐美观，位置宜在水平中心线下方的15°～45°处，当侧面或底部有障碍物时，可移至管道水平中心线上方60°以内”。

案例13 补口带剥离强度不足

【问题描述】某公司承建的某输气管道改造工程，焊口热收缩带与PE层搭接面无黏结力、渗水、渗环氧树脂。

【依据标准】GB/T 23257—2017《埋地钢质管道聚乙烯防腐层》。

【条款】9.4“补口后热收缩带的剥离强度对钢管和聚乙烯防腐层的剥离强度都应不小于50N/cm并80%表面呈内聚破坏，当剥离强度超过100N/cm时，可以呈界面破坏，剥离面的底漆应完整附着在钢管表面”。

案例 14　补口保温层厚度不足

【问题描述】某公司承建的某环境敏感区隐患治理工程，现场焊口发泡厚度低于管道保温外径，焊口防腐保温层凹陷。

【依据标准】GB 50126—2008《工业设备及管道绝热工程施工规范》。

【条款】5.8.1“6　浇注不得有发泡不良、脱落、发酥发脆、发软、开裂、孔径过大等缺陷；当出现以上缺陷时必须查清原因，重新浇注”。

案例 15　保温层铁丝捆扎方式错误

【问题描述】某公司承建的某石油天然气站内工艺扩建工程，现场一处管道保温层铁丝采用螺旋式缠绕法捆扎。

【依据标准】GB 50126—2008《工业设备及管道绝热工程施工规范》。

【条款】5.3.1“绝热层采用镀锌铁丝、不锈钢丝、金属带、黏胶带捆扎时，不得采用螺旋式缠绕捆扎”。

4.6 建筑工程

本节选取了建筑工程中地基与基础、主体结构、建筑装饰装修、屋面等工程存在的钢筋安装不合规、模板支撑不合格、混凝土养护措施不到位、墙体砌筑不合格、室内吊顶施工不合格、屋面防水施工不合格等 35 个典型质量隐患实例，这些质量隐患的存在，能够减少建构筑物的使用寿命。

案例 1　钢结构焊缝错边量超差

【问题描述】某公司承建的地面工程，钢结构管廊架 H 型梁翼缘板对接焊缝错边量约达到 1*t*。

【依据标准】GB 50205—2020《钢结构工程施工质量验收标准》。

【条款】表 5.2.8-1“对接焊缝错边 $\Delta < 0.1t$ 且 $\leq$ 2.0mm”。

案例 2　主体柱筋绑扎搭接不规范

【问题描述】某公司承建的地面工程，框架柱筋在箍筋加密区内进行纵筋搭接。

【依据标准】GB 50666—2011《混凝土结构工程施工规范》。

【条款】5.4.1“有抗震设防要求的结构中，梁端、柱端箍筋加密区范围内不宜设置钢筋接头，且不应进行钢筋搭接”。

案例 3　柱插筋的弯锚长度不足

【问题描述】某公司承建的地面工程，框架柱直径 22mm 的纵向受力钢筋插入基础中的弯折锚固长度现场实测 270mm（纵筋直锚长度 L_{aE} 不足），应为 15D=330mm。

【依据标准】16G101-3《混凝土结构施工图平面整体表示方法制图规则和构造详图》及 GB 50204—2015《混凝土结构工程施工质量验收规范》。

【条款】16G101-3 中第 66 页柱纵向钢筋在基础中构造①，以及 GB 50204—2015 中 5.5.3“钢筋安装偏差及检验方法应符合表 5.5.3 的规定（表中要求纵向受力钢筋的锚固长度允许偏差为 -20mm）”。

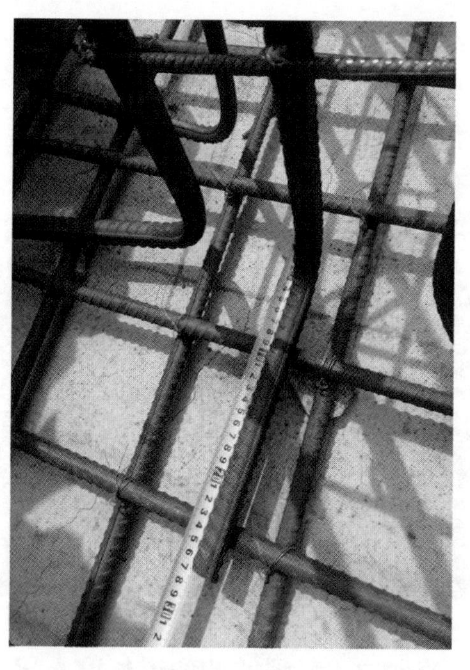

案例 4　梁端箍筋加密区缺少箍筋

【问题描述】某公司承建的地面工程，某梁高 1000mm 的梁端箍筋加密区现场实测为 1400mm，加密区箍筋共 15 套。二级框架的加密区长度（采用较大值）为 1.5h_b、500mm，设计 h_b（梁高）为 1000mm，则加密区长度应为 1.5×1000=1500mm，箍筋应为 16 套。

【依据标准】GB 50011—2010《建筑抗震设计规范》。

【条款】表 6.3.3“二级框架的加密区长度（采用较大值）为 1.5h_b、500mm”。

案例 5　钢筋保护层预留不足

【问题描述】某公司承建的地面工程，现场正在进行混凝土作业，但某基础短柱的钢筋保护层预留厚度局部为 0mm（设计保护层厚度为 40mm）。

【依据标准】GB 50204—2015《混凝土结构工程施工质量验收规范》。

【条款】表 5.5.3“柱的保护层厚度允许偏差为 ±5mm”。

第 67 页“KZ 边柱和角柱柱顶纵向钢筋构造图”。

案例 6　钢筋保护层厚度抽查合格率不足

【问题描述】某公司承建的地面工程，钢筋安装检验批验收记录中受力钢筋保护层厚度的合格率不符合规范要求：表中合格率为 80%、83%，而规范要求不小于 90%。

10	受力钢筋	间距		±10	0	-4	△5	2	6	-7	-2	△3	1	-5	80	合格
11		排距		±5	-3	5	2	3	△6	-5	1	3	0	5	90	合格
12		保护层厚度	基础	±10	-9	9	4	△12	△15	7	2	-2	1	7	80	合格
13			柱、梁	±5												
14			板、墙、壳	±3												

允许偏差（mm）	纵向受力钢筋、箍筋的混凝土保护层厚度	基础	±10	/	/	/
		柱、梁	±5	12 / 12	抽查12处，合格10处	83%
		板、墙、壳	±3	12 / 12	抽查12处，合格10处	83%

【依据标准】GB 50204—2015《混凝土结构工程施工质量验收规范》。

【条款】5.5.3“受力钢筋保护层厚度的合格点率应达到 90% 及以上，且不得有超过表中数值 1.5 倍的尺寸偏差”。

案例 7　支座中基础梁纵筋搭接位置错误

【问题描述】某公司承建的地面工程，基础梁底部纵筋全部在支座中进行搭接（图集要求的底部贯通纵筋连接区在跨中 $l_n/3$ 内）。

【依据标准】16G101-3《混凝土结构施工图平面整体表示方法制图规则和构造详图》。

【条款】第 79 页“基础梁 JL 纵向钢筋与箍筋构造图”。

案例 8　柱纵向钢筋在基础中设置错误

【问题描述】某公司承建的地面工程，基础中柱纵筋在保护层厚度≤ $5d$ 时柱箍筋未加密。

【依据标准】16G101-3《混凝土结构施工图平面整体表示方法制图规则和构造详图》。

【条款】66 页“柱纵向钢筋在基础中构造图”。

案例9　框架顶层端节点钢筋排布错误

【问题描述】某公司承建的地面工程，柱顶节点采用梁锚柱的形式，但柱外侧纵筋未直锚到梁顶，且柱内侧纵筋未伸至柱顶再进行弯锚。

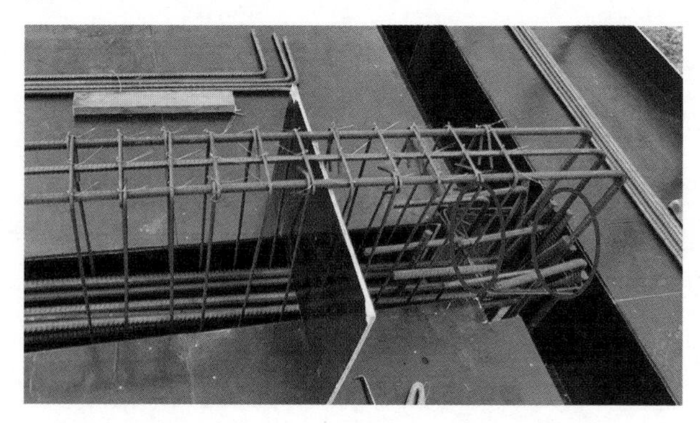

【依据标准】18G901-1《混凝土结构施工钢筋排布规则与构造详图》。

【条款】2-22 页“框架顶层端节点钢筋排布构造详图”。

案例 10　基础梁钢筋焊接方式选用错误

【问题描述】某公司承建的地面工程，某泵棚基础一处锚固在支座中的基础梁底筋在遇预埋地脚螺栓处被割断，恢复时直接将两根 14mm 钢筋采用窄间隙焊接在一起。

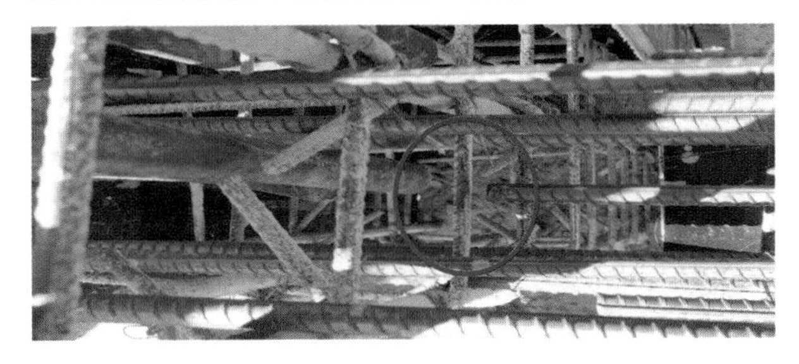

【依据标准】JGJ 18—2012《钢筋焊接及验收规程》。

【条款】4.5.9“窄间隙焊应用于直径 16mm 及以上钢筋的现场水平连接”。

案例 11　屋面板筋在支座中锚固

【问题描述】某公司承建的地面工程，某泵房屋面板上部纵筋在支座处分别进行锚固。

【依据标准】16G101-1《混凝土结构施工图平面整体表示方法制图规则和构造详图》。

【条款】5.2.2“单向或双向连续板的中间支座上部同向贯通钢筋，不应在支座位置连接或分别锚固”。

案例 12　钢筋笼电弧焊接头预弯不充分

【问题描述】某公司承建的电力工程，灌注桩钢筋笼采用搭接电弧焊，钢筋预弯不充分，两钢筋的轴线不在同一直线上。

【依据标准】JGJ 18—2012《钢筋焊接及验收规程》。

【条款】4.5.7 条第 2 款“搭接焊时，焊接端钢筋宜预弯，并应使两钢筋的轴线在同一直线上”。

案例 13　钢筋混凝土露筋

【问题描述】某公司承建的地面工程，某悬挑梁、剪力墙露筋严重。

【依据标准】GB 50204—2015《混凝土结构工程施工质量验收规范》。

【条款】8.2.1“现浇结构的外观质量不应有严重缺陷”。

案例 14　混凝土夹渣

【问题描述】某公司承建的地面工程，某楼梯梯段板根部混凝土严重夹渣。

【依据标准】GB 50204—2015《混凝土结构工程施工质量验收规范》。

【条款】8.2.1“现浇结构的外观质量不应有严重缺陷”。

案例 15　预制过梁钢筋下料与设计不符

【问题描述】某公司承建的地面工程，预制混凝土过梁不合格，配筋为三根直径为 10mm 的三级钢筋，不符合设计要求，设计要求截面配筋为两根直径为 10mm 的三级钢筋和两根直径为 8mm 的三级钢筋。

【依据标准】GB 50204—2015《混凝土结构工程施工质量验收规范》。

【条款】5.1.1“浇筑混凝土之前，应进行钢筋隐蔽工程验收。隐蔽工程验收应包括下列主要内容：1　纵向受力钢筋的牌号、规格、数量、位置”。

案例 16　混凝土结构模板支撑不合格

【问题描述】某公司承建的地面工程，楼板支撑架超 2m 未设置水平杆、可调托座螺杆未插入立杆 150mm、螺杆不垂直、螺杆伸出长度超过 300mm。

【依据标准】GB 50666—2011《混凝土结构工程施工规范》。

【条款】4.4.7“采用扣件式钢管作模板支架时，支架搭设应符合下列规定：2　立杆纵距、立杆横距不应大于1.5m，支架步距不应大于2.0m”。

4.4.8“螺杆插入钢管的长度不应小于150mm，螺杆伸出钢管的长度不应大于300mm（条文解释：对非高大模板支架，如支架立杆顶部采用可调托座时，其构造也应符合此规定）”。

案例17　混凝土结构模板支撑方式错误

【问题描述】某公司承建的地面工程，梁底模板支撑未采用立杆支撑，模板搁置在扣件钢管支架顶部的水平钢管上，荷载作用在立杆上（为偏心传力）。

【依据标准】JGJ 162—2008《建筑施工模板安全技术规范》。

【条款】5.1.7“承重的支架柱，其荷载应直接作用于立杆的轴线上，严禁承受偏心荷载，并应按单立杆轴心受压计算”。

案例 18　混凝土冬季施工措施不规范

【问题描述】某公司承建的地面工程，冬季施工部分基础混凝土侧模脱开且混凝土未达到受冻临界强度。

【依据标准】GB 50666—2011《混凝土结构工程施工规范》。

【条款】10.2.15“模板和保温层的拆除除应符合本规范第 4 章及设计要求外，尚应符合下列规定：1　混凝土强度应达到受冻临界强度”。

案例 19　混凝土养护措施不合格

【问题描述】某公司承建的地面工程，混凝土在养护期内表面塑料薄膜破损，表面干燥。

【依据标准】GB 50666—2011《混凝土结构工程施工规范》。

【条款】8.5.4 条第 2 款和第 3 款“塑料薄膜应紧贴混凝土裸露表面，塑料薄膜内应保持有凝结水”“覆盖物应严密，覆盖物的层数应按施工方案确定”。

案例 20　设备基础中心偏移

【问题描述】某公司承建的地面工程，某球罐基础偏移，球罐支座实测距基础两边分别为 0mm、175mm。

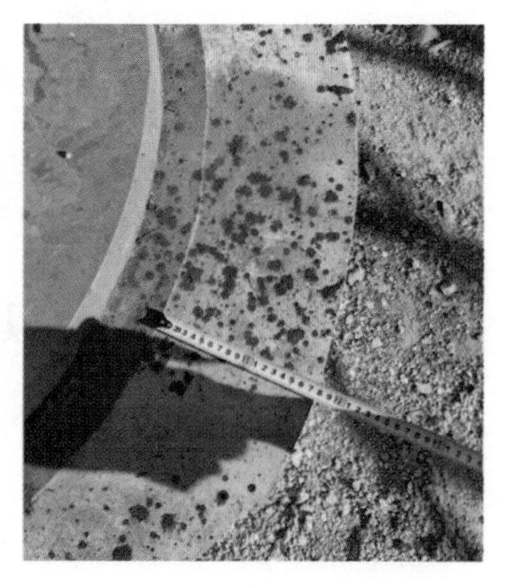

【依据标准】GB 50204—2015《混凝土结构工程施工质量验收规范》。

【条款】表 8.3.3“坐标位置的允许偏差为 20mm”。

案例 21 砌体过梁支座长度不足

【问题描述】某公司承建的建筑工程，新砌墙体过梁入墙长度约为 220mm。

【依据标准】13G322-1《钢筋混凝土过梁》。

【条款】240 墙矩形截面过梁详图中过梁入墙长度为 250mm。

案例 22 填充墙砌体混砌

【问题描述】某公司承建的地面工程，填充墙采用蒸压加气混凝土砌块和烧结砖混砌。

【依据标准】GB 50203—2011《砌体结构工程施工质量验收规范》。

【条款】9.1.8“蒸压加气混凝土砌块、轻骨料混凝土小型空心砌块不应与其他块体混砌，不同强度等级的同类块体也不得混砌”。

案例 23 填充墙拉结筋预留不合格

【问题描述】某公司承建的建筑工程，墙体拉结筋预留长度不足 700mm，且墙厚 300mm 只设置 2 根拉结筋。

【依据标准】GB 50003—2011《砌体结构设计规范》。

【条款】6.3.4 条第 2 款“1）沿柱高每隔 500mm 配置 2 根直径 6mm 的拉结钢筋（墙厚大于 240mm 时配置 3 根直径 6mm），钢筋伸入填充墙长度不宜小于 700mm”。

案例 24　墙体开横槽

【问题描述】某公司承建的建筑工程，未经设计同意，在砌体墙上开凿横槽。

【依据标准】GB 50203—2011《砌体结构工程施工质量验收规范》。

【条款】3.0.11“设计要求的洞口、沟槽、管道应于砌筑时正确留出或预埋，未经设计同意，不得打凿墙体和在墙体上开凿水平沟槽”。

案例 25　后砌墙体未留置拉结筋

【问题描述】某公司承建的建筑改造工程，后砌墙体未留置拉结筋。

【依据标准】GB 50011—2010《建筑抗震设计规范》。

【条款】13.3.3“后砌的非承重隔墙应沿墙高每隔 500mm～600mm 配置 2ϕ6 拉结钢筋与承重墙或柱拉结，每边深入墙内不应少于 500mm”。

案例 26　填充墙超高未设置水平系梁

【问题描述】某公司承建的变电所新建工程，高约 4.4m 填充墙墙体中部未设置水平系梁。

【依据标准】GB 50011—2010《建筑抗震设计规范》。

【条款】13.3.4-4“墙高超过 4m 时，墙体半高宜设置与柱连接且沿墙全长贯通的钢筋混凝土水平系梁”。

案例 27　填充墙墙顶拉结构造失效

【问题描述】某公司承建的建筑工程，墙顶拉结铁件与墙体实际无接触（内部墙体被掏空导致铁件失去拉结墙体的作用），且铁件间距现场实测为 1800mm。

【依据标准】12G614-1《砌体填充墙结构构造》。

【条款】第 16 页“填充墙与构造柱拉结及填充墙顶部构造详图”。

案例 28　构造柱搭接区缺少箍筋

【问题描述】某公司承建的建筑工程，构造柱纵向钢筋搭接长度范围内只配置了 3 套箍筋。

【依据标准】12G614-1《砌体填充墙结构构造》。

【条款】第 15 页注 2“构造柱纵向钢筋搭接长度范围内的箍筋间距不大于 200mm 且不少于 4 根箍筋”。

案例 29　围墙砌筑留槎不规范

【问题描述】某公司承建的围墙砌筑工程，围墙留直槎的地方均未设置拉结筋。

【依据标准】GB 50203—2011《砌体结构工程施工质量验收规范》。

【条款】5.2.4“非抗震设防及抗震设防烈度为 6 度、7 度地区的临时间断处，当不能留斜槎时，除转角处外，可留直槎，但直槎必须做成凸槎，且应加设拉结钢筋”。

案例 30　毛石砌筑未设置拉结石

【问题描述】某公司承建的地面工程，基础毛石砌筑呈通缝砌筑，未错缝搭砌，且未设置拉结石。

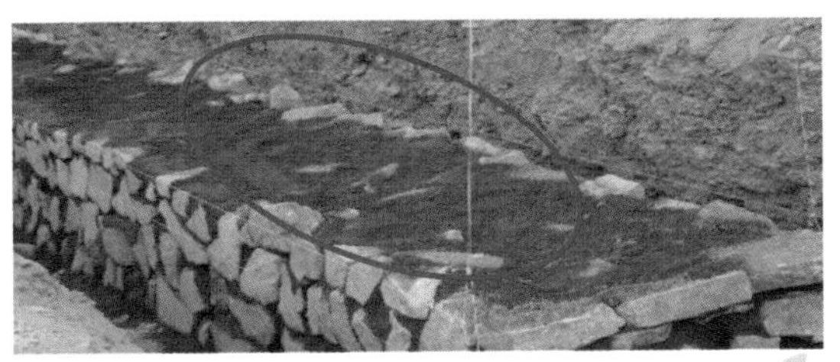

【依据标准】GB 50924—2014《砌体结构工程施工规范》。

【条款】8.2.2、8.2.7“毛石砌体宜分皮卧砌，错缝搭砌，搭接长度不得小于 80mm”以及“毛石砌体应设置拉结石”。

案例 31　填充墙砌块搭接长度不足

【问题描述】某公司承建的建筑工程，填充墙蒸压加气混凝土砌块搭砌长度不足砌块长度的 1/3，且不足 150mm。

【依据标准】GB 50924—2014《砌体结构工程施工规范》。

【条款】第 15 页注 2“填充墙砌筑时应上下错缝，搭接长度不宜小于砌块长度的 1/3，且不应小于 150mm”。

案例 32　吊顶龙骨间距过长

【问题描述】某公司承建的建筑工程，吊顶吊杆、主龙骨间距实测约 1350mm。

【依据标准】JGJ 345—2014《公共建筑吊顶工程技术规范》。

【条款】4.2.1“1　吊顶的间距不应大于 1200mm。主龙骨的间距不应大于 1200mm”。

案例 33　吊顶钢结构转换层施工不规范

【问题描述】某公司承建的建筑工程，吊顶钢结构转换层施工，钢结构转换层锚栓直接打入结构梁底部。

【依据标准】JGJ 345—2014《公共建筑吊顶工程技术规范》。

【条款】4.1.4“吊顶工程设计技术文件的内容及深度应符合下列规定：5　确定钢结构转换层、检修马道、设备检修孔、人孔的位置、尺寸及构造做法”。

4.1.5“后置式锚栓应固定在混凝土结构层上且不应在结构梁底”。

案例 34　屋面防水节点处构造不合格

【问题描述】某公司承建的建筑工程，伸出屋面管道泛水处防水附加层高度现场实测为 100mm，且在女儿墙处未设置防水附加层。

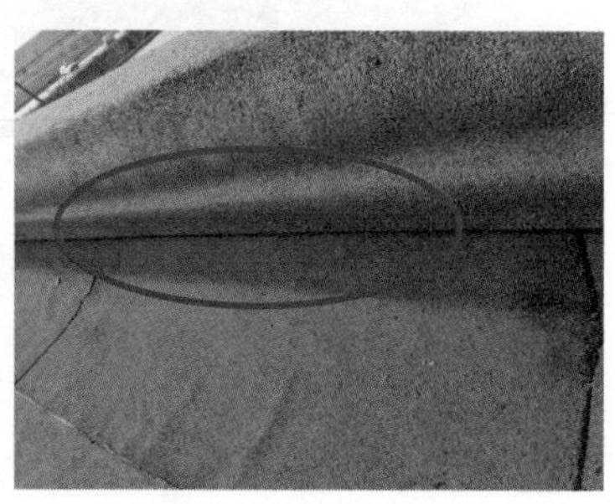

【依据标准】GB 50345—2012《屋面工程技术规范》。

【条款】4.11.19“3　管道泛水处的防水层泛水高度不应小于 250mm。”4.11.14“2　女儿墙泛水处的防水层下应增设附加层”。

案例 35　门窗工程固定方式违反规范要求

【问题描述】某公司承建的建筑工程，窗框安装采用射钉将窗框固定在砖墙上。

【依据标准】GB 50210—2018《建筑装饰装修工程质量验收标准》。

【条款】6.1.11 中“在砌体上安装门窗严禁采用射钉固定”。

4.7 焊工人员资格及无损检测

本节选取了油田地面建设工程中特种作业人员（焊工）资质及焊缝无损检测管理中存在的焊工无焊接执业资格证书施焊或资格与现场要求不符、焊工不进行入场考试直接进行焊接作业等5个典型质量管理缺陷实例；焊缝无损检测底片评定不准确、抽检焊缝不合格、检测比例不足等5个典型质量隐患实例，这些管理缺陷和质量隐患的存在，对工程实体质量埋下潜在的风险。

案例1 焊工资质与现场实际焊接作业不符

【问题描述】某公司承建的注水管线安装工程，施工现场已焊接完焊口钢管公称直径为DN57mm，现场提供施焊的焊工吴××资质证件代码：

GTAW-FeIII-6G-3/273-FeFS-02/10/12，不具备管径为DN57mm管线的焊接，属于超资质焊接。

【依据标准】SY/T 4122—2020《油田注水工程施工技术规范》。

姓名:	[illegible]	身份证号:	[illegible]
性别:		联系电话:	
所在省:		所在城市:	
证书编号:	[illegible]	证书有效期:	2021-05-14
发证部门:	大庆市市场监督管理局	考试机构:	大庆信实焊接培训有限公司
证书类型:	作业人员-作业人员-特种设备焊接作业	持证项目:	SMAW-FeII-6GX-3/1016-FefZ和FCAW-FeII-6GX(K)-15.4/1016-FefS-11/15
批次:		档案编号:	[illegible]
法人代表:			

姓名:	[illegible]	身份证号:	[illegible]
性别:		联系电话:	
所在省:		所在城市:	
证书编号:	[illegible]	证书有效期:	2018-06-27
发证部门:	大庆市质量技术监督局	考试机构:	大庆信实焊接培训有限公司
证书类型:	作业人员-作业人员-特种设备 焊接作业	持证项目:	GTAW-FeIII-6G-3/273-FefS-02/10/12和SMAW-FeIII-6G(K)-15/273-Fef3J
批次:		档案编号:	[illegible]
法人代表:			

姓名:	[illegible]	身份证号:	[illegible]
性别:		联系电话:	0438-6221195
所在省:		所在城市:	
证书编号:	[illegible]	证书有效期:	2017.01.21
发证部门:	廊坊市质量技术监督局	考试机构:	中国石油管道焊接培训中心
证书类型:	作业人员-作业人员-特种设备焊接作业(承压焊、结构焊)	持证项目:	SMAW-FeII-6GX-3/529-FefZ和FCAW-FeII-6GX(K)-9/529-FefS-11/15
批次:		档案编号:	G130183
法人代表:			

【条款】从事油田注水工程设备管道安装的焊工应按国家现行有关标准考试取得合格证。特种设备作业人员应按国家现行有关标准的规定取得相应的作业合格证。上述人员只能从事与资格相应的作业。

案例 2　焊工未进行入场资格考试即进行施焊

【问题描述】某公司承建某油田天然气集输管道工程，焊接现场 1 名焊工未进行入场资格考试，质量管理人员未审查该焊工的作业资格即允许施焊。

【依据标准】GB 50540—2009《石油天然气站内工艺管道工程施工规范》(2012 年版)。

【条款】7.1.6“焊工应经考试合格后方可上岗实施作业”。

案例 3　不锈钢管道超资质施焊

【问题描述】某公司承建某天然气站场工程，不锈钢管道 06Cr19Ni10，D60.3mm × 4mm，现场 1 名焊工超资质施焊，该焊工持证项目为钨极气体保护，背面有保护气体（代号“10”）；现场采用自带保护药皮焊丝 TGF308L，不充氩焊接工艺（代号“11”）。

【依据标准】TSG Z6002—2010《特种设备焊接操作人员考核细则》。

【条款】A4.3.9“焊接工艺因素变更时，焊工需重新进行焊接操作技能考试”。

案例 4　焊工无焊接执业资格证书施焊

【问题描述】某公司承建某炼化工程脱硫塔钢结构施工现场，2 名焊接作业人员无焊接执业资格证书。

【依据标准】GB 50205—2020《钢结构工程施工质量验收标准》。

【条款】5.2.2“持证焊工必须在其焊工合格证书规定的认可范围内施焊，严禁无证焊工施焊”。

案例 5　焊工超资质施焊

【问题描述】某公司承建某油田输油集输管道工程，正在进行填充、盖面焊接的 1 名焊工，有焊条电弧焊（SMAW）下向焊 + 含药芯焊丝电弧焊（FCAW）资质，无正在施焊的焊条电弧焊（SMAW）上向焊资质。

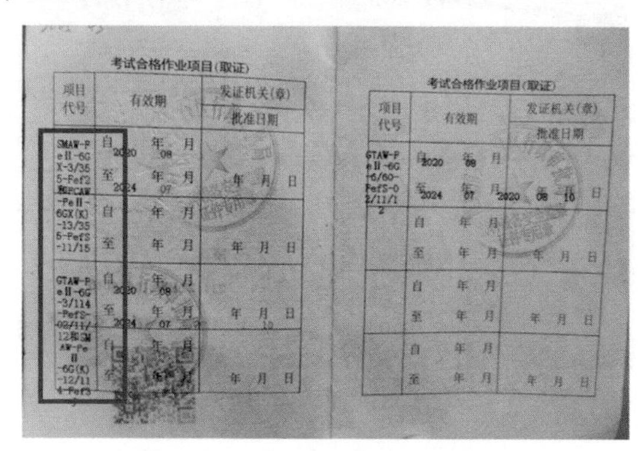

考试合格作业项目(取证)

项目代号	有效期	发证机关(章) 批准日期
SMAW-FeII-6GX-3/355-Fef2和FCAW-FeII-6GX(K)-13/355-FefS-11/15	自 2020 年 08 月 至 2024 年 07 月	年 月 日
	自 年 月 至 年 月	年 月 日
GTAW-FeII-6G-3/114-FefS-02/11/12和SMAW-FeII-6G(K)-12/114-FefS	自 2020 年 08 月 至 2024 年 07 月	年 月 日
	自 年 月 至 年 月	年 月 日

考试合格作业项目(取证)

项目代号	有效期	发证机关(章) 批准日期
GTAW-FeII-6G-6/60-FefS-02/11/12	自 2020 年 08 月 至 2024 年 07 月	2020 年 08 月 10 日
	自 年 月 至 年 月	年 月 日
	自 年 月 至 年 月	年 月 日
	自 年 月 至 年 月	年 月 日

【依据标准】TSG Z6002—2010《特种设备焊接操作人员考核细则》。

【条款】A4.3.1“变更焊接方法，焊工需要重新进行焊接操作技能考试”。

案例 6　无损检测委托标准错误

【问题描述】某公司承建的注水管线安装工程，无损检测委托选用检测标准 SY/T 4109—2013《石油天然气钢质管道无损检测》，图纸要求检测标准 NB/T 47013.2—2015《承压设备无损检测　第 2 部分：射线检测》，无损检测单位按委托的标准评定 5mm 条形缺陷为Ⅱ级合格，该片按图纸要求标准应评为Ⅲ级不合格。

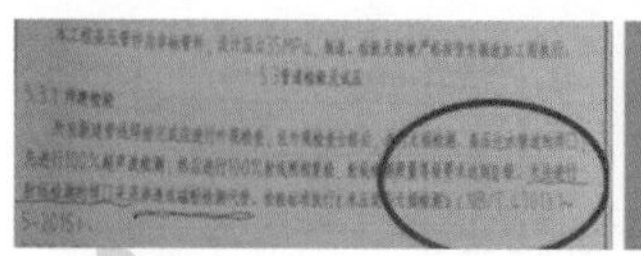

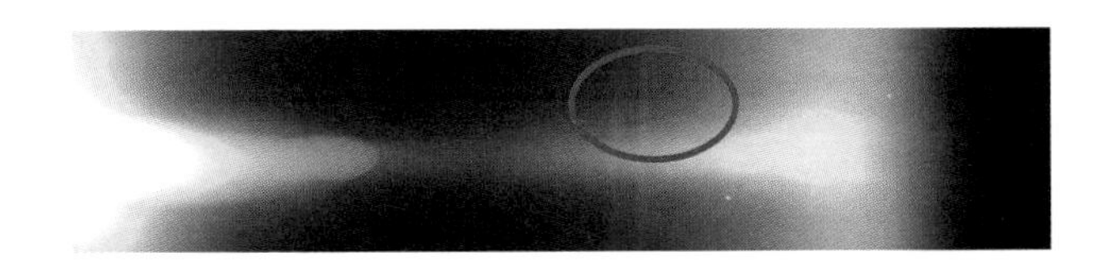

【依据标准】NB/T 47013.2—2015《承压设备无损检测 第 2 部分：射线检测》。

【条款】6.1.6“条形缺陷质量评级表 15 规定条形缺陷大于 4mm，合格级别应评为Ⅲ”。

案例 7 不合格底片造成底片评定结果不准确

【问题描述】某公司承建的工艺管线安装工程，D60mm × 4mm 的返修底片中存在圆形缺欠，评定结果合格。实际底片中焊缝投影椭圆开口已达到 20mm，开口过大导致焊缝影像变形，底片评定结果不准确。

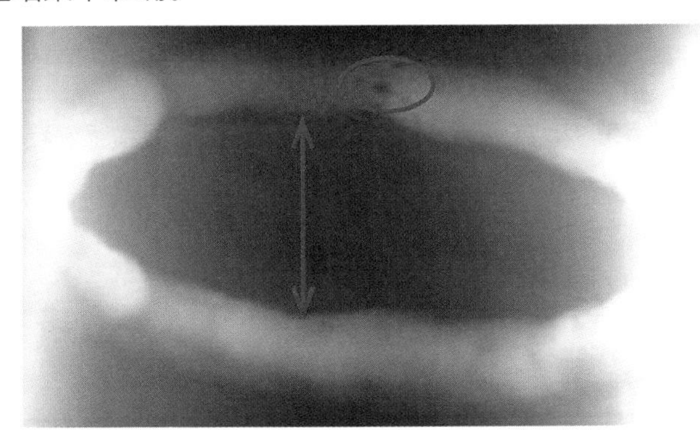

【依据标准】NB/T 47013.2—2015《承压设备无损检测 第 2 部分：射线检测》。

【条款】5.5.6.1“椭圆成像时，应控制影像的开口宽度（上下焊缝投影最大间距）在 1 倍焊缝宽度左右”。

案例 8　超声波检测打磨宽度不足

【问题描述】某公司承建的集输管线安装工程，管道焊缝进行超声波检测时，在焊缝两侧打磨宽度仅 20mm，不符合规范要求的情况下实施检测。

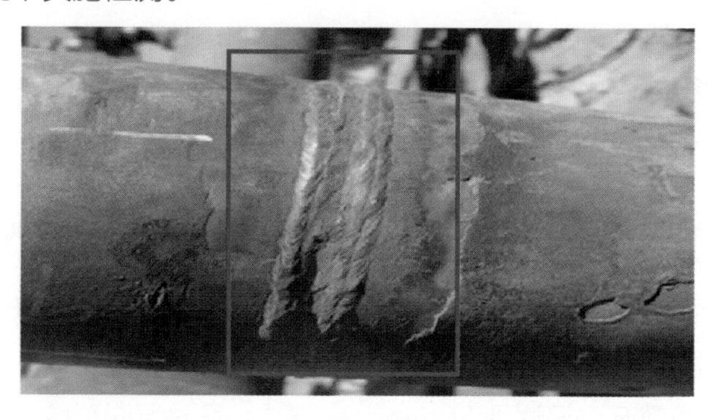

【依据标准】NB/T 47013.3—2015《承压设备无损检测　第 3 部分：超声检测》。

【条款】“规格为 D508mm × 9mm 的焊缝进行超声波检测时，在打磨宽度仅为 20mm 的情况下采用 *K* 值为 2.5 的超声波探头实施超声波检测，根据 NB/T 47013.3 规定计算，焊缝单侧的探头移动距离（打磨宽度）应最少为 57mm”。

案例 9　无损检测漏检

【问题描述】某公司承建的集输管线安装工程，埋地不等壁厚（弯管和直管段连接处）管道焊缝只射线检测 20%。

【依据标准】GB 50819—2013《油气田集输管道施工规范》。

【条款】9.5.6“不能试压的管道焊缝应进行 100% 超声波检测和射线检测，不等壁厚弯管与直管段焊缝应进行 100% 射线检测”。

案例 10　设备焊口无损检测抽检不合格

【问题描述】某公司承建的站内管线安装工程，抽检七井式多通阀工艺管线 D114mm × 7mm 焊口 14 道全部不合格，均存在根部未焊透缺陷

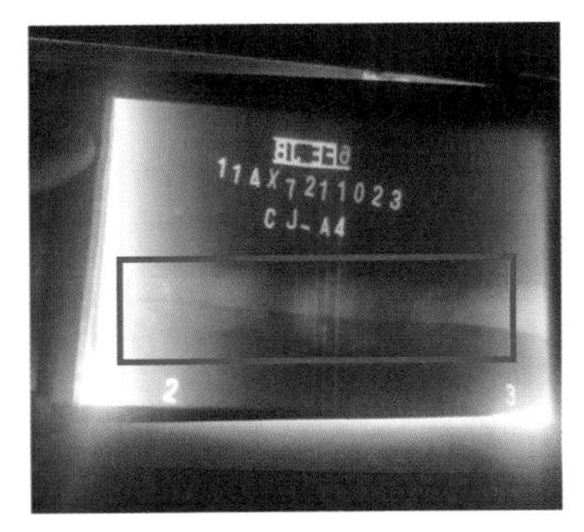

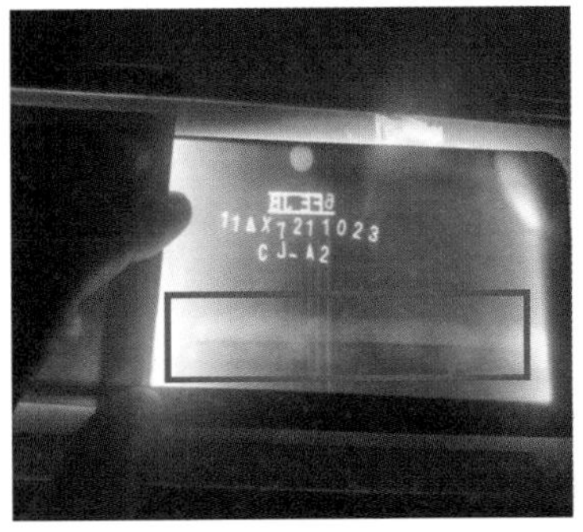

【依据标准】NB/T 47013.2—2015《承压设备无损检测　第 2 部分：射线检测》。

【条款】6.1.4.2“Ⅱ级和Ⅲ级”焊接接头内不允许存在裂纹、未熔合、未焊透。”

4.8 勘察设计

本节选取了油田地面建设勘察设计中存在的未进行地质勘察、材料选择错误、安装位置不规范、安全距离不足等 10 个典型质量问题实例，这些设计质量问题的存在，从根源上埋下了工程主体隐患。

案例 1　法兰配套螺栓选用错误

【问题描述】某设计公司承担的某采油厂基地地热利用工程中要求“螺柱选用等长双头螺柱（商品级 8.8 级）”，但螺柱选用错误，本项目介质为石油天然气、水，应选用专用级。

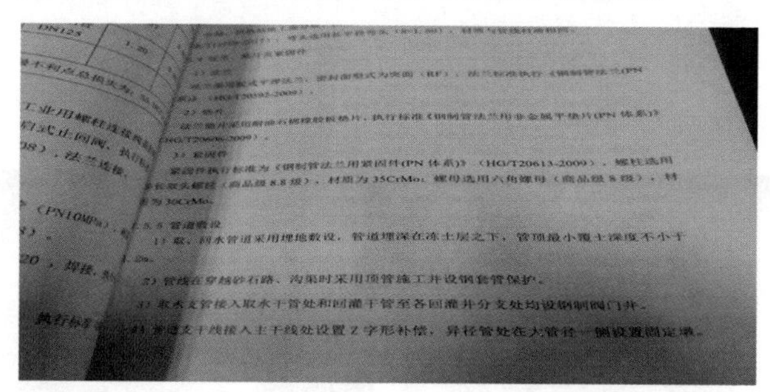
3）紧固件
紧固件执行标准为《钢制管法兰用紧固件(PN 体系)》（HG/T20613-2009），螺柱选用等长双头螺柱（商品级 8.8 级），材质为 35CrMo；螺母选用六角螺母（商品级 8 级），材质为 30CrMo。
管道敷设
1）取、回水管道采用埋地敷设，管道埋深在冻土层之下，管顶最小覆土深度不小于 1.2m。
2）管线在穿越砂石路、沟渠时采用顶管施工并设钢套管保护。
3）取水支管接入取水干管处和回灌干管至各回灌井分支处均设钢制阀门井。
4）管道支干线接入主干线处设置 Z 字形补偿，异径管处在大管径一侧设置固定墩。

【依据标准】HG/T 20613—2009《钢制管法兰用紧固件》。

【条款】5.0.3“有毒、可燃、剧烈循环场合应选用专用级全螺纹螺柱和Ⅱ型六角螺母”。

案例 2　压力管道设计技术文件不全

【问题描述】某设计公司承担的某采油厂联合站改造工程中设计文件没有管道数据表、强度计算书、管道应力分析书。

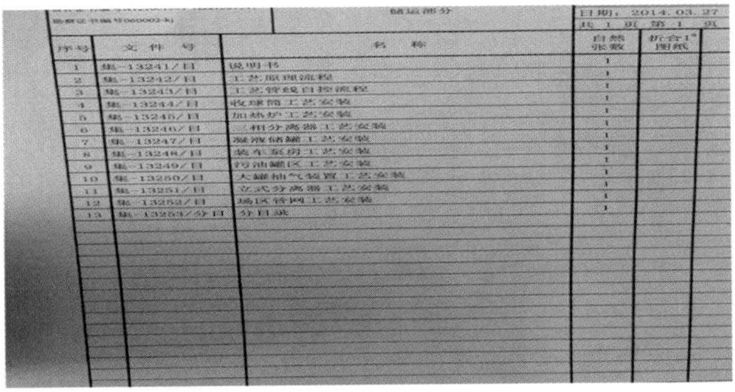

序号	文件号	名称	自然张数	折合1#图纸
		储运部分	日期：2014.03.27 共1页 第1页	
1	集-13241/目	说明书	1	
2	集-13242/目	工艺原理流程	1	
3	集-13243/目	工艺管线自控流程	1	
4	集-13244/目	收球筒工艺安装	1	
5	集-13245/目	加热炉工艺安装	1	
6	集-13246/目	三相分离器工艺安装	1	
7	集-13247/目	凝液储罐工艺安装	1	
8	集-13248/目	装车泵房工艺安装	1	
9	集-13249/目	污油罐区工艺安装	1	
10	集-13250/目	大罐抽气装置工艺安装	1	
11	集-13251/目	立式分离器工艺安装	1	
12	集-13252/目	场区管网工艺安装	1	
13	集-13253/分目	分目录		

【依据标准】TSG D0001—2009《压力管道安全技术监察规程——工业管道》。

【条款】第36款“管道设计文件一般包括图纸目录和管道材料登记表、管道数据表和设备布置图、管道平面布置图、轴测图、强度计算书、管道应力分析书、必要时还应当包括施工安装说明书”。

案例3 压力管道制造标准选用错误

【问题描述】某设计公司承担的某采油厂联合站加热炉更新工程中加热炉配套支管和汇管按设计压力属于GC1级管道，设计中选用的规格型号及材质D219mm×7mm/20#，D159mm×6mm/20#，D76mm×5mm/20#无缝钢管，制造标准为GB/T 8163—2008《输送流体用无缝钢管》（目前该标准已有2018年版）不能满足要求。

【依据标准】TSG D0001—2009《压力管道安全技术监察规程——工业管道》。

【条款】第28款“GC1级管道不允许使用GB/T 8163—2008钢管标准的无缝管”。

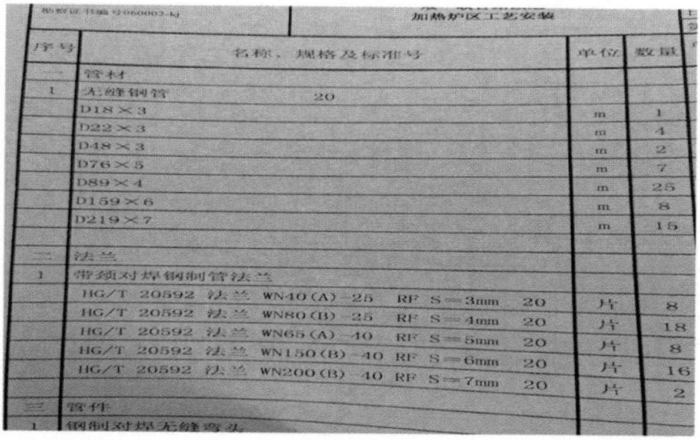

勘察证书编号060002-kj		加热炉区工艺安装	
序号	名称、规格及标准号	单位	数量
一	管材		
1	无缝钢管 20		
	D18×3	m	1
	D22×3	m	4
	D48×3	m	2
	D76×5	m	7
	D89×4	m	25
	D159×6	m	8
	D219×7	m	15
二	法兰		
1	带颈对焊钢制管法兰		
	HG/T 20592 法兰 WN40(A)-25 RF S=3mm 20	片	8
	HG/T 20592 法兰 WN80(B)-25 RF S=4mm 20	片	18
	HG/T 20592 法兰 WN65(A)-40 RF S=5mm 20	片	8
	HG/T 20592 法兰 WN150(B)-40 RF S=6mm 20	片	16
	HG/T 20592 法兰 WN200(B)-40 RF S=7mm 20	片	2
三	管件		
1	钢制对焊无缝弯头		

案例4　管件开料深度不满足采购需要

【问题描述】某设计公司承担的某采油厂注水井口地面工程材料表中管件只给出压力等级，没有给出壁厚等级和名义壁厚。

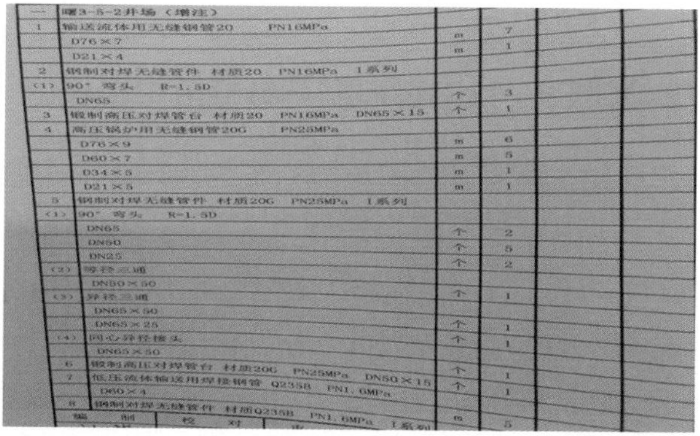

一	曙3-5-2井场（增注）					
1	输送流体用无缝钢管20　PN16MPa					
	D76×7	m	7			
	D21×4	m	1			
2	钢制对焊无缝管件　材质20　PN16MPa　I系列					
(1)	90°弯头　R=1.5D					
	DN65	个	3			
3	锻制高压对焊管台　材质20　PN16MPa　DN65×15	个	1			
4	高压锅炉用无缝钢管20G　PN25MPa					
	D76×9	m	6			
	D60×7	m	5			
	D34×5	m	1			
	D21×5	m	1			
5	钢制对焊无缝管件　材质20G　PN25MPa　I系列					
(1)	90°弯头　R=1.5D					
	DN65	个	2			
	DN50	个	5			
	DN25	个	2			
(2)	等径三通					
	DN50×50	个	1			
(3)	异径三通					
	DN65×50					
	DN65×25	个	1			
(4)	同心异径接头	个	1			
	DN65×50					
6	锻制高压对焊管台　材质20G　PN25MPa　DN50×15	个	1			
7	低压流体输送用焊接钢管　Q235B　PN1.6MPa	个	1			
	D60×4					
8	钢制对焊无缝管件　材质Q235B　PN1.6MPa　I系列	m	5			
编制	校对	审				

【依据标准】SY/T 0510—2017《钢制对焊管件规范》。

【条款】12.3“标志应包括以下内容：c名义厚度或壁厚等级”。

案例5 试压选用的压力表精度错误

【问题描述】某设计公司承担的某采油厂站间管道腐蚀更换工程中要求站外集输油管道试压用压力表精度不小于1.5级，设计选型错误，实际应为0.4级。

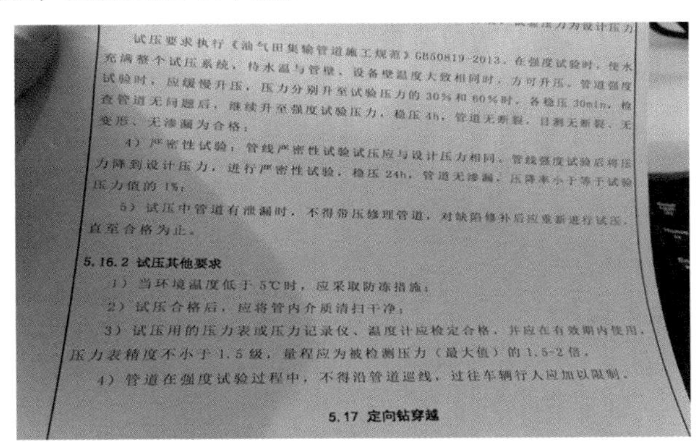

试压要求执行《油气田集输管道施工规范》GB50819-2013。在强度试验时，使水充满整个试压系统，待水温与管壁、设备壁温度大致相同时，方可升压。管道强度试验时，应缓慢升压，压力分别升至试验压力的30%和60%时，各稳压30min，检查管道无问题后，继续升至强度试验压力，稳压4h，管道无断裂，目测无断裂、无变形、无渗漏为合格；

4）严密性试验：管线严密性试验试压应与设计压力相同。管线强度试验后将压力降到设计压力，进行严密性试验，稳压24h，管道无渗漏，压降率小于等于试验压力值的1%；

5）试压中管道有泄漏时，不得带压修理管道，对缺陷修补后应重新进行试压，直至合格为止。

5.16.2 试压其他要求

1）当环境温度低于5℃时，应采取防冻措施；

2）试压合格后，应将管内介质清扫干净；

3）试压用的压力表或压力记录仪、温度计应检定合格，并应在有效期内使用，压力表精度不小于1.5级，量程应为被检测压力（最大值）的1.5-2倍。

4）管道在强度试验过程中，不得沿管道巡线，过往车辆行人应加以限制。

5.17 定向钻穿越

【依据标准】GB 50819—2013《油气田集输管道施工规范》。

【条款】13.1.9“试压用的压力表或压力记录仪、温度计应检定合格，并应在有效期内使用；压力表精度不低于0.4级，量程应为被测压力的1.5～2倍”。

案例6 勘察设计单位未对定向钻穿越进行专项勘察设计

【问题描述】某设计公司承担的某采油厂特一转至特三联输油管道占压整改工程中穿越某道路原设计为顶管穿越，工程变更为定向钻穿越后，设计单位未对道路穿越进行专项勘察。

【依据标准】GB 50423—2013《油气输送管道穿越工程设计规范》。

【条款】3.1.3“选定穿越位置后，应按照国家现行标准取得设计阶段工程测量资料、工程地质报告”。

案例7 爆炸危险环境橇装油气装置未做防爆设计

【问题描述】某设计公司承担的某采油厂2020年55口新井产能地面配套工程中，在存在可燃物质挥发泄漏的油井井场内，设计安装的单井智能计量器没有防爆要求。

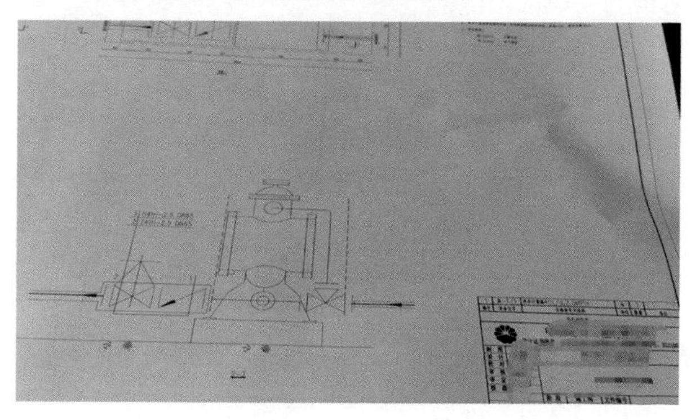

【依据标准】GB 50058—2014《爆炸危险环境电力装置设计规范》。

【条款】3.1.1“大气条件下，出现或可能出现可燃气体和空气混合形成爆炸性气体混合物的环境时，应进行防爆性气体环境的电力装置设计”。

案例8 施工图中焊缝检测方法和合格级别不符合标准

【问题描述】某设计公司承担的某采油厂10口新井地面工程设计文件中要求“管道穿越二级公路段的对接焊缝无损检测Ⅲ级合格”，级别错误，应为Ⅱ级及以上。

【依据标准】GB 50424—2015《油气输送管道穿越工程施工规范》。

【条款】5.2.1“穿越管段无损检测除穿越三级及以下公路外应进行100%超声波检测、100%射线检测；焊缝合格级别均应为Ⅱ级及以上”。

案例9 埋地管道标高未按标准要求设计

【问题描述】某设计公司承担的某采油厂采油一区热能利用工程设计文件中要求“污水站内新建埋地管道埋深为自然地坪下0.8m”，但此地区冻土深度为1.17m。

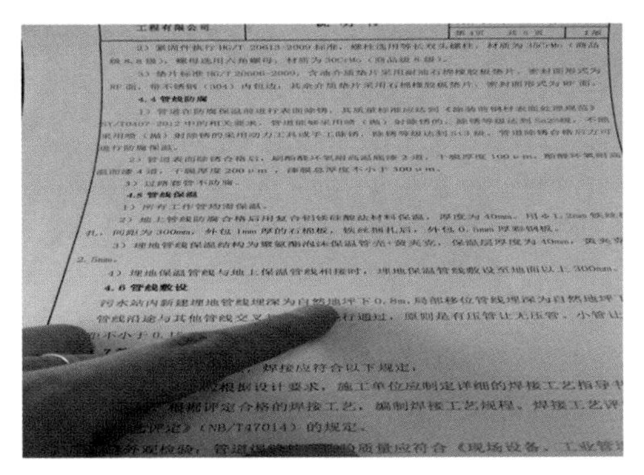
4.4 管线防腐
4.5 管线保温
1）所有工作管均需保温。
4）埋地保温管线与地上保温管线相接时，埋地保温管线敷设至地面以上300mm。
4.6 管线敷设
污水站内新建埋地管线埋深为自然地坪下0.8m，局部移位管线埋深为自然地坪下
焊接应符合以下规定。
（NB/T47014）的规定。

【依据标准】GB 50316—2000《工业金属管道设计规范》。

【条款】8.3.8“管道埋深应在冰冻线以下。当无法实现时，应有可靠的防冻保护措施”。

案例10 管道与电力线安全距离设计不足

【问题描述】某设计公司承担的某采油厂稀油区块综合治理工程设计文件中要求“油气输送管道与电力线杆（6kV）设计间距

为 1.6m”，安全距离不满足规范要求。

【依据标准】GB 50183—2004《石油天然气工程设计防火规范》。

【条款】7.1.5“对于路径受限制地区，埋地集输管道与架空电力线路（3～10kV）安全距离不小于 2m”。